水道の民営化・広域化を考える 第3版

尾林芳匡
渡辺卓也 編著

自治体研究社

目　次

水道の民営化・広域化を考える
[第3版]

4

8

プロローグ

水をめぐるウソ・ホント

渡辺卓也

はじめに

　「押し寄せる老朽化」「水道クライシス」「需要減や老朽化で水道料金6割上昇」「水道料金、値上げ続々、背景に老朽化、人口減、設備の耐震化……」テレビ、雑誌、インターネットなどに踊る見出し、毎日の生活に必要な身近な存在の「水」だけに不安を感じます。

　そのほかにも、団塊の世代退職による職員不足や委託化による技術継承の危機、進まない耐震化……どれも今の水道事業を取り巻くまぎれもない事実であり、座視できる問題ではありません。

　国は今回の水道法「改正」で、次のふたつの柱を中心に、水道事業の基盤を強化し問題解決を行うとしています。

　ひとつめは、官民連携を推進するため、地方公共団体が水道事業者としての位置づけを維持したまま、水道施設に関する公共施設等運営権（以下コンセッション）を民間事業者に設定できる仕組みを作り、コンセッション導入を促進すること。

　ふたつめは、国が水道事業体の基盤強化のための「基本方針」を定め、都道府県が関係市町村の同意を得て「強化計画」を策定し、広域化によるスケールメリットでこの危機を乗り越えるとしています。

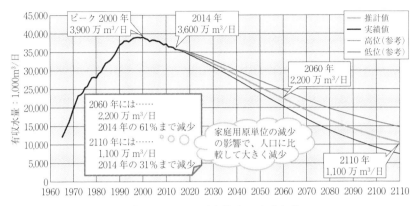

図表 P‑1　人口減少社会の水道事業

資料：厚生労働省「第1回水道分野における官民連携推進協議会」説明資料、2017年8月より作成。

　はたして、その方向性を導き出した根本的な原因の分析や解決策に問題はないのでしょうか。いのちの水を守り、持続可能な水道事業を作り上げていくためには、きちんとした現場の分析や水道財政を維持するための住民や議会の理解が必要なはずですが、現在、国や厚生労働省（以下、厚労省）が行っている説明は、拙速に事を運ぶがための　センセーショナルなプロパガンダと化しているような気がします。

1　給水量が減り料金収入激減、　投資ができず老朽化が加速！

［厚生労働省の主張］

有収水量は100年後には70％に減少！　人口減少に伴い給水量が減少、収益が減少することで経営が悪化、必要な投資が行えず、老朽化が進行する。

　人口減少が続き節水意識が向上すれば水需要が減ることは当然です。

しかし、国はひと昔前までこのグラフと正反対な一直線の右肩上がりの水需要曲線で、大型ダムに頼る水源開発を進め、水余りと水道事業体の財政負担を作ってきました。

　本来、自然に負荷をかけ財政負担も膨大なダム建設は必要最小限にすべきでした。身近な水源の活用や利用者に対して節水意識の向上、節水機器の普及による水量の減少を目指すことが求められていましたが、ダム建設推進のため国や自治体は正面からそれに取り組もうとはしなかったのです。

　「ダムの水は身近な自己水源を放棄してでも使ってほしい」といった国や自治体の姿勢は、コストが高い電源であることが明らかになっても「原発は壊れるまで動かし続けたい」といった電力行政の立場と相通じるものがあります。

　現在、国が「危機」と考えている水量が減ることは、健全な水循環からは悪いことではありません。であれば、遊休施設を多く抱えた現在の施設をまるごと更新するのではなく、ダウンサイジングに徹して、身の丈にあった身近な水源を大切にしたコンパクトな水道システム導入することで財政負担も減らせるはずです。

　水道使用量減少の原因は人口減少や節水意識の普及だけでしょうか。小型の膜ろ過浄水技術などの技術改良・普及により、地下水を大量に安全に飲料水として利用することが可能となりました。商業施設・病院・工場などでの地下水利用が増え、水道の使用量の減少に拍車をかけています。

　地下水は「公水」であり、だれのものでもありません。「自分の土地から組み上げているから自分のもの」という資本の論理での身勝手は許されるのでしょうか。それが、いのちの水を安定的に供給することを求められている水道事業の経営を圧迫する結果を招くことになったとしたら……。

　国が水量減少による経営悪化を問題視するのであれば、高度成長期に地盤沈下などの環境破壊から守るために、地下水汲み上げ規制を行ったように、新たな視点での地下水汲み上げ規制も行うことが事業体の経営を守るためにも必要です。

2　水道の普及率と投資額の推移

[厚生労働省の主張]
高度成長期に投資した水道の更新時期が到来しているにもかかわらず、料金収入の落ち込みなど将来の財政不安で投資ができないとしている。

　この図表に示されたデータからは水道の普及率と投資額が必ずしも

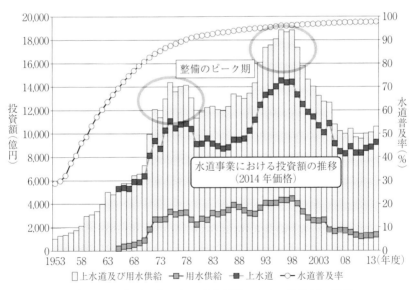

図表 P-2　水道の普及率、水道事業における投資額の推移

注：原典は『水道統計』2014 年。
資料：同前。

リンクしていません。特に2度目のピーク（1998年ころ）は、なぜかバブル崩壊後の公共投資のピークと重なっています。

　当時の公共投資は1998年のピーク時には14.9兆円に達しました。日本の社会資本整備費は、対GDP比で1990年代のピーク時に欧米主要国の約2倍の水準となり異常とさえ言われました。

　この時期の投資は政策的なもので、オーバークオリティーな過剰設備となっているものも少なくありません。それらの設備は更新にあたっては、ダウンサイジングや廃止等を検討し今後の更新費用の削減や見直しをはかるべきでしょう。

　また、必要な投資ができていないのは、ダム（実際には使われていない水が多い）などの建設負担金の返済が水道事業会計に重くのしかかっていた面もあります。これらは国策による水道事業赤字ともいえます。単純に今後の料金収入が少なくなるから投資も立ち行かないという国の論法は成り立ちません。

3　管路の老朽化の現状と課題

[厚生労働省の主張]
水道管路は法定年数が40年、管路の経年劣化率（老朽化）がますます上昇、耐用年数の過ぎた管路を更新するまで、いまのペースでは130年以上必要。

　ここで「耐用年数」といっているのは「法定耐用年数」といわれる減価償却のために基準として定められた会計上の年数であって、設備の「寿命」とは異なります。

　水道管の寿命は、材質や埋設された環境などの違いなどにより、一律に寿命が決まるわけではありませんし、その他の施設も同様です。

$$管路経年化率(\%) = \frac{法定耐用年数を超えた管路延長}{管路総延長} \times 100$$

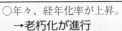

○年々、経年化率が上昇。
→老朽化が進行

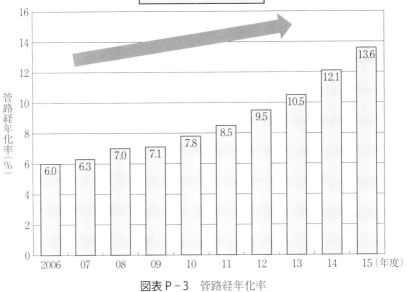

図表 P - 3 管路経年化率

資料：同前。

　経験を積んだ技術者の管理や判断を加味した上での更新計画が必要で、単純に「法定耐用年数」で判断する問題ではありません。

　厚労省は計画的な更新計画のためアセットマネジメントを推進しています。おかしなことに厚労省は「アセットマネジメントの精度向上について」とする文書の中で、実耐用年数に基づき最長で80年の耐用年数の設定ができるとし「法定耐用年数」よりもっと長い耐用年数で補正をかけるよう指示をしています。

　説明資料では「40年で更新ができないことが問題」と言いながら、アセットマネジメントでは「法定耐用年数で杓子定規に計画を作るな」と言っているわけです。

　100年以上使用している明治時代の水道管もあり、法定耐用年数に満たない中で事故をおこす水道管もあります。現場では長年の経験の中で破損しやすい箇所、破損しやすい管の判断が行われており、アセットマネジメントによる管理も現場を精通した人材がいなければ成り立ちません。

　現場には実使用年数による補正を指示しておきながら、門外漢である議員や住民に対しては130年などというデータで脅しをかける厚労省の説明は、自らの矛盾を表したものといえます。

4　水道基幹管路の耐震適合率

［厚生労働省の主張］
高度成長期に布設した管路は耐震性が低いものが多い。

　もちろん耐震化の重要性は同じ認識を持つところですが、厚労省の資料はその原因や問題点を指摘するには内容が希薄ではないでしょうか。

　先にあげた厚労省の説明では、老朽管の更新や耐震化が進まない理由は事業体の財政基盤の影響と言っておきながら、ここに示した厚労省の耐震適合率のデータでは比較的財政状況の良いと言われている大規模事業体を抱える都道府県の耐震適合率の相関は必ずしも現れていません。

　耐震化は、国の補助金などの政策の強化が求められるものであり、遅れているのであれば、その制度設計のあり方やインセンティブの効果、予算がついても執行できない現場の体制の脆弱性を問題にすべきではないでしょうか。

　また、熊本地震における水道の復旧状況の資料において、耐震化率

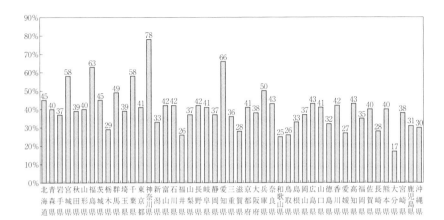

図表 P-4　都道府県別耐震適合性を有する管の割合（基幹管路合計）

資料：厚生労働省「各都道府県水道行政部（局）長宛」事務連絡資料、2016 年 8 月より作成。

の高い（約 75％）の熊本市が 4 月 23 日時点で復旧率 100％ とし、復旧
への優位性を示していますが、それよりも耐震化率の高い阿蘇市（約
80％）が、同じ時点で復旧率 60％ 程度ということが何故かは説明して
いません。

　財政基盤の弱い自治体は、初動の復旧の目処がついた後、支援に入
った他都市への人件費などの地元負担がネックとなって、支援を辞退
し自力で復旧をしていたため復旧が送れるという実態があり、先の耐
震化事業の遅れとともに、国のソフト面での制度設計に大きな欠陥が
あるといえます。

　また、国は管路や浄水施設などの耐震化のデータ比較には熱心です
が、比較的災害に強い身近な水源を放棄させ、はるか遠くのダム水に
頼る方向に事業体を誘導しています。

　川崎市では市内の多摩川の地下水を水源とする生田浄水場を廃止し、
はるか 56km も離れた酒匂川の水源に切り替えましたが、その導水管
は東日本大震災の時には破断事故を起こし 20 日間に亘り源水供給が停

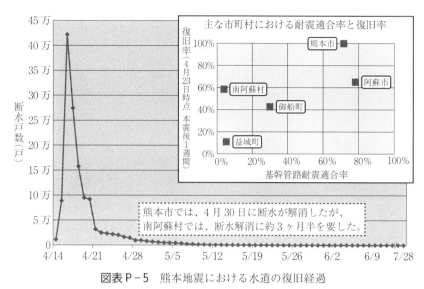

図表 P-5　熊本地震における水道の復旧経過

資料：厚生労働省「第1回水道分野における官民連携推進協議会」説明資料、2017年8月より作成。

止しました。

　また、自己水源を放棄し香川用水からの供給に頼る香川県の広域化計画では、その導水路にある 8km の阿讃導水トンネルの耐震性に問題が指摘されています。

　地震による被害は防ぎきれるものではありませんが、管路の耐震化だけではなく被害を最小限にする努力や水源や施設の危険分散を図るべきです。

5　水道広域化が進んでいない

［厚生労働省の主張］

全体の6割が必要性を理解しているのに具体化は2割。
推進役として都道府県の積極的な関与が必要。

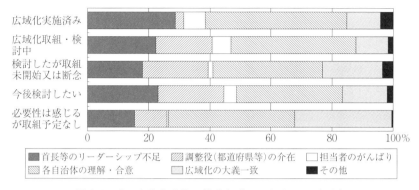

図表P-6 水道広域化の検討を進めるうえでの重要点

資料：同前。

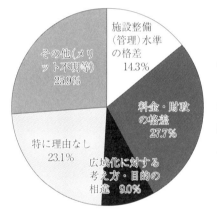

図表P-7 水道広域化検討の阻害要因

資料：同前。

この厚労省のアンケート結果にみられるように、事業体が広域化を求めるのは、展望が見いだせない財政事情や他都市との施設水準、料金格差などが原因です。しかし、それは自治体だけの責任ではありません。独立採算制、ダム水の押し付けをはじめとした過剰な設備投資、国が進める職員定数管理など。

　水源も違い、財政事情、料金体系も異なる水道事業体をまとめ、広域化を強行に進めれば自ずと住民からは不満の声が沸き起こります。

　厚労省のアンケートでは、広域化実施済みの地域では「検討を進める上で重要な点」として、「首長のリーダーシップや調整役としての都道府県等の介在」の問題より「各自治体の理解合意」が重要とされていますが、それとは裏腹に、今度の水道法「改正」では、広域化に対

して国や都道府県の権限が強化されようとしています。

　私たちもすべての「広域化」を否定しているわけではありません。水系を基礎にした上下水道システムの統合には合理性があり、住民の合意形成を行い近隣の水道事業体との人材交流、設備や経営の統合行っていく選択肢もあります。

　しかし、今進められようとしている「広域化」は、結果として自己水源の放棄とダム水の押しつけが行われていることも住民の反発を生み出す元となっています。

　後年度負担の増大など住民の不安を解消し、将来のビジョンを展望することが優先であるはずの議論がなされず、結論とスケジュールありきでの問題点隠しが広域化に対するさまざまな憶測を呼んでいるのではないでしょうか。

6　市町村による水道料金差が大きい

[厚生労働省の主張]
給水人口が5万人未満の中小水道事業者が950余りで7割近くを占め、ほとんどがコスト割れ。

　水道事業は地方公営企業法により、歳入を料金収入の基本とする独立採算が強いられています。しかし、独立採算であれば身近な自己水源があるか、水源が清浄か、都市部か過疎地域かなど、水道事業体によって効率化や企業努力で

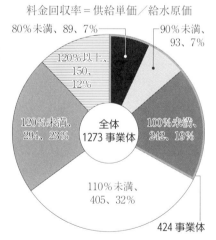

料金回収率＝供給単価／給水原価

80％未満、89、7％
90％未満、93、7％
120％以上、150、12％
120％未満、294、23％
全体 1273 事業体
100％未満、242、19％
110％未満、405、32％
424 事業体

図表 P − 8　水道事業の経営状況
資料：総務省「2015 年度　地方公営企業年鑑」より作図。

は防ぐことのできないコストの差があり、それが料金に反映されます。

　しかし、地方公営企業法第3条には、「地方公営企業は、常に企業の経済性を発揮するとともに、その本来の目的である公共の福祉を増進するように運営されなければならない」と「企業」であっても公共の福祉の役割が定められています。

　地方公営企業の経営を安定させ、住民サービスの不平等をなくすためには、憲法25条の精神と、ユニバーサルサービスの考え方を取り入れる必要があります。国が行っているような、他の事業体との料金比較で効率化だけを求めるような態度では問題は解決しません。

7　水道事業体における職員の高齢化と減少はなぜ

［厚生労働省の主張］

30年前に比較して水道に携わる職員は3割減、給水人口1万人未満の水道事業体では平均で職員が1〜3人。

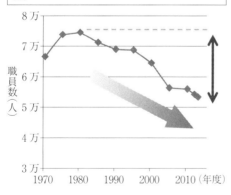

職員数の減少
水道事業の職員数は約30年前に比べて約3割減少

図表P-9　水道事業における職員数の推移
資料：厚生労働省「第1回水道分野における官民連携推進協議会」説明資料、2017年8月より作成。

　前回の水道法「改正」（2002年）のときにも、特に地方の中小事業体での職員不足や技術継承が問題とされていました。その改正趣旨は「（水道事業者は）大半が中小規模の事業者（市町村）であり、水質等の管理体制が極めて脆弱であることから、技術力の高い第三者（他の水道事業者

小規模事業者の職員が少ない
給水人口 1 万人未満の小規模事業は、平均 1～3 人の職員で水道事業を運営している

合　　計	事業ごとの平均職員数						（参考）事業数
	事務職	技術職	技能職その他	合　計	最　多	最　小	
100 万人以上	338	488	133	959	3,847	348	15
50 万人～100 万人未満	74	111	16	201	370	115	14
25 万人～50 万人未満	37	65	9	111	223	35	60
10 万人～25 万人未満	17	22	2	41	171	13	161
5 万人～10 万人未満	9	10	1	20	70	4	221
3 万人～5 万人未満	6	4	0	11	33	3	230
2 万人～3 万人未満	4	3	0	8	21	1	156
1 万人～2 万人未満	3	2	0	5	21	1	289
5 千人～1 万人未満	2	1	0	3	15	1	238
5 千人未満	1	0	0	1	2	1	4

図表 P - 10　水道事業における職員数の規模別分布

注：職員数は人口規模の範囲にある事業の平均。
　　最多、最小は人口規模の範囲にある事業の最多、最小の職員数。
　　「水道統計」2014 年、計画給水人口ベース。
資料：同前。

等）に業務を委託して適正に管理を行うための規定の整備を行う」（厚労省ウェブサイトより）とされていました。

　この「第三者」は、基本的には近隣の水道事業体を想定されていたはずですが、結果は民間企業が浄水場の管理などの業務を受託することとなり、ますます自治体職員の技術継承が困難となる結果になりました。

　それとともに、上水道の職員数が 2000 年代から大きく減少した要因は、『集中改革プラン』などを政府が音頭をとってやってきた結果です。

　仮にコンセッションや委託を拡大するとしても、公共性や安全性が

担保できているかをチェックするキーポイントは、それを公務として
モニタリングする能力のある職員がいるか否かではないでしょうか。

8　水道現場における経験ある職員が必要なワケ

国は、「公務員はコア業務だけやればよくて、現場の実務は官民連携・
民間委託でよい」と言っています。はたしてそうでしょうか。

　委託化の拡大で、現場で実務をこなせる職員だけでなく、監督・指
揮にあたる職員も育たなくなってしまいました。
　現場には、濁水や水圧低下を起こさせないバルブの回し方、さまざ
まな音の中から漏水音を判別する耳、水温や水の濁り、臭気などで浄
水処理の変更を判断する「暗黙知」と呼ばれる経験で習得した知識や
技術を持った職員がおり、マニュアルでは引き継げないコツやカンを
伴う技術があります。
　不安定雇用労働者を使い回す民間企業の「人材活用」のノウハウで
は、水道現場の安定性は保てません。
　また、「スペシャリストよりジェネラリスト」といった時流の労務政
策の中で、さまざまな部局を渡り歩く職員が増え、「何々畑」といった
その道一筋の技術者が少なくなりました。
　厚労省の作成した新水道ビジョン（2013年）でさえ「水道事業部
局を越えた頻繁な人事異動による専門性の低下も懸念されることから、
職員数のみならず、職員個人の資質・能力の確保についても配慮が必
要」と記述しています。
　横浜市水道局では、このままでは安定した職員の育成ができなくな
ると、市長部局に異動しないことを前提とした水道局内勤務専任の技
術職（水道技術職）の採用を始めました。

9　民間に委託したことで経費が削減できたのでしょうか？

　最近では国も民間委託で維持管理費削減ができるとはいわなくなりました。人手不足の中で委託費が上がり、地方の中小事業体では委託の受け手さえなくなり、民間業者の技術力低下も著しいものがあります。

　ヨーロッパで再公営化が進んでいる背景には、民間では株主配当が優先され、料金は上がり、設備はボロボロ、経費も膨れ上がり、民間が「安い」という幻想から目覚めたからです。

　経費が節減できないのなら、住民にとって何のメリットがあるのでしょうか。結局は民間資本に儲けの大きな黒字優良事業体を売り渡し、地方の赤字事業体は引き受けてもなく切り捨てられる水道事業の「選択と集中」だけが残る結果となります。

　以上のように、厚労省の資料を単純に「ウソや偽りだ」というつもりはありませんが、その原因や解決策の捉え方には疑問が生じます。

　広域化やコンセッションが、持続可能な水道事業を作る上で救世主や特効薬なのでしょうか。

　この後の章でくわしくみていきたいと思います。

解説

2018年水道法改正とは

尾林芳匡

1 水道法改正の内容

　2018年の水道法一部改正は、「人口減少に伴う水の需要の減少、水道施設の老朽化、深刻化する人材不足等の水道の直面する課題に対応し、水道の基盤の強化を図るため、所要の措置を講ずる」とし、次のような内容です。[*1]

(1) 「関係者の責務の明確化」で広域化・民営化を推進

　「関係者の責務の明確化」として、広域化・民営化を推進する趣旨の規程を入れています。次のような内容です。

　①国、都道府県及び市町村は水道の基盤の強化に関する施策を策定し、推進又は実施するよう努めなければならないこととする。②都道府県は水道事業者等（水道事業者又は水道用水供給事業者をいう。以下同じ）の間の広域的な連携を推進するよう努めなければならないこととする。③水道事業者等はその事業の基盤の強化に努めなければならないこととする。

　「基盤の強化」とは、要するに「経営改善」であり、経費を少なくすることです。地域の実情にそぐわない広域化の計画を策定したり、広

域的な水道事業の「経営改善」のためだと称して過疎地の水道の維持
保全の経費が削減され、維持保全がおろそかにされるおそれがありま
す。

⑵　広域化のために「基本方針」「基盤強化計画」を定め
「協議会」設置

　広域化のために「広域連携の推進」として、広域化の推進の基本方
針・計画の策定と関係市町村・水道事業者による協議会の設置をうた
います。

　①国は広域連携の推進を含む水道の基盤を強化するための基本方針
を定めることとする。②都道府県は基本方針に基づき、関係市町村及び
水道事業者等の同意を得て、水道基盤強化計画を定めることができる
こととする。③都道府県は、広域連携を推進するため、関係市町村及び
水道事業者等を構成員とする協議会を設けることができることとする。

　国が広域化の基本方針を定め、これに基づき都道府県が「基盤強化
計画」を定めることが「できる」、関係市町村・水道事業者は協議会を
設けることが「できる」としており、都道府県・関係市町村の自主的
取り組みの規程の体裁ですが、補助金の条件とする等、事実上誘導・
強制されるおそれがあります。

⑶　適切な資産管理の推進

　「適切な資産管理」の推進として、次の規程をおきました。
　①水道事業者等は、水道施設を良好な状態に保つように、維持及び
修繕をしなければならないこととする。②水道事業者等は、水道施設
を適切に管理するための水道施設台帳を作成し、保管しなければなら
ないこととする。③水道事業者等は、長期的な観点から、水道施設の
計画的な更新に努めなければならないこととする。④水道事業者等は、

水道施設の更新に関する費用を含むその事業に係る収支の見通しを作成し、公表するよう努めなければならないこととする。

　もとより、水道事業に供する資産について、適切に台帳を整備し、管理することは必要なことですし、多くの事業体で一定程度やっています。今回の水道法一部改正でとくに強調するのは、営業主体の官から民への移転を進める条件だからです。会社の営業譲渡等でも常に問題になることですが、水道事業の管理を地方自治体から民間事業者に移転するためには、管理すべき資産を明確にしたり、その資産評価をしたり、近い将来に必要な設備更新の見通しを立てたりすることが、譲渡価格や賃料の設定のために必要です。このように民間委託・資産の民間委譲を進めるためにいま、資産について、台帳整備や更新に要する費用の見通しの作成・公表が強調されているのです。

⑷　官民連携の推進

　「官民連携の推進」のため、地方自治体が、水道事業者等としての立場を残しながら、厚生労働大臣等の許可を受けて、水道施設に関する公共施設等運営権（コンセッション）を民間事業者に設定できる仕組みを導入します。[*2]

　公共施設等運営権とは、PFI（Private Finance Initiative、民間資本主導）の一類型で、利用料金の徴収を行う公共施設について、施設の所有権を地方自治体が所有したまま、施設の運営権を民間事業者に設定する方式です。PFI全般に言えることですが、公共施設の維持・利用についての住民や地方議会の立場は後退し、実質上、民間事業者の判断・計画で運営が左右されることになります。水道の場合、地方自治体が事業者としての立場を残すという制度的な建前があっても、水道事業についての情報も、ノウハウも、それを担う技術者も、ほとんど民間事業者に移転してしまうため、民間事業者が求めることについ

て、地方自治体が異なる見解を持つこと自体がほぼ不可能になります。したがって、民間事業者の収益の確保・増大のために、住民のための経費が削減されたり、住民の利用料金の負担が増加したりするおそれがあります。

⑸ 指定給水装置工事事業者制度の改善

　新規の民間事業者の参入が容易にするため、給水装置工事業者についても制度を変更し、資質の保持や実体との乖離の防止を図るため、指定給水装置工事事業者の指定に更新制を導入します。

　各水道事業者は給水装置（蛇口やトイレなどの給水用具・給水管）の工事を施行する者を指定でき、条例において、給水装置工事は指定給水装置工事事業者が行う旨を規定することになります。

2　水道法一部改正の問題点

⑴　水道事業の課題の改善にならない

　人口減少が見込まれるとか、水道施設の老朽化への対応が必要であるなど、水道事業についての課題が指摘されていますが、今回の水道法一部改正で進めようとする広域化・民営化は、水道事業の課題の改善にはつながりません。老朽化への対応や人材不足については、地域の実情にあった事業計画について、国や都道府県が財政上技術上の責任を持ち、設備更新について必要な技術的財政的支援をすることが必要ですし、地方自治体の担い手の任用も当然必要です。これなしには、広域化や民営化で改善をはかることはできません。

⑵　広域化で地域の実情にそぐわない計画推進のおそれ

　広域化を進めれば、より少ない人員体制でより広い地域の水道供給

を実行することになるのですから、地域の実情にそぐわない、無駄な
導水をはかる計画が策定されたり、設備の維持更新の情報が十分に集
まらなかったりするおそれがあります。人口の少ない地域への供給が
切り捨てられるおそれもあります。

⑶　民営化で営利本位に変質するおそれ

　水は生存に必要不可欠で、採算性を後回しにしてでも設備を整備し
供給を保障しなければならないものとして、公衆衛生の維持向上とと
もに国の責任とされてきました。営利目的の民間事業者が、よりよい
供給をできるものではありません。むしろ、利用料金の高騰を招いた
り、不採算な人口の少ない地域への供給が事実上途絶えたりするおそ
れもあります。[*3]

3　いま地方自治体で必要なこと

⑴　水道法の理念を生かして

　このような問題のある2018年水道法一部改正ですが、水道法の根幹
にあたる、地域の実情に合わせた給水計画を策定し、清浄低廉豊富な
水を供給する国や地方自治体の責任が削除されたものではありません。
法文上も残されている水道法の理念を生かす取り組みが必要です。

⑵　広域化・民営化は市町村の判断で

　経済界の要望を受けて、政府が推進しようとしている広域化・民営
化ですが、改正法のもとでも、広域化・民営化を進めるかどうかは市
町村の判断に委ねられています。PFI・コンセッションなど、政府の
経済政策に乗ることで広域化・民営化に誘導されがちですが、無駄を
はぶき自然の水系水源を生かした地域の実情に応じた給水計画を策定

し、更新計画と必要な財政計画を立案することで、市町村が自らの水道をまもる道は、まだまだ残されています。財政負担が乏しく、国の支援を引き出せる計画の立案は、地方自治体の知識経験の蓄積が何より重要であり、地域の実情に明るくないコンサルタント等に計画立案を丸投げすることはふさわしくありません。

(3) 地域から「いのちの水」をまもる取り組みを

　水質は水源を変更すれば大きく変わります。給水体制の変更は、日常生活への影響とともに、非常時災害時には生存を左右しかねない重大な問題です。住民は、地域への水の供給が、改正水道法と政府の施策のもとで、どのようになっているのか、知り、学び、行動すべきです。水道の広域化・民営化は、民間事業者の利益の確保増大のために利用料金負担が増大するおそれもあります。市町村が主体性をもって水道事業の維持に取り組むためには、住民が地域の水道の実情を知り、維持改善するための議論に参加することこそ必要です。

注

1　2018年水道法改正は、同年12月6日に可決成立した。

2　「水道施設運営権者」が水道施設運営等事業を実施する場合には、地方自治体は、第11条1項の規程にかかわらず、水道事業休止の許可を受けることを要しない。また運営権者は、第6条1項の規定にかかわらず、水道事業経営の認可を受けることを要しない（2018年改正水道法24条の4、1項3項）。

3　水道法改正については多くの批判の声があがった。たとえば「水道民営化を推し進める水道法改正案に反対する意見書」（新潟県議会2018年10月12日）、「水道法改正　市場開放ありきは危険」（『東京新聞』2018年7月30日付社説）、「水道民営化　拭えぬ懸念」（『朝日新聞』2018年11月23日付）、堤未果『日本が売られる』（幻冬社新書、2018年10月。第1章「水が売られる」）等参照。

Ⅰ　水をめぐる広域化と民営化の現場

イントロダクション

各地で具体化する広域化・民営化の動き

渡辺卓也

　政府・厚生労働省（以下、厚労省）は 2013（平成 25）年に改定した新水道ビジョンの中で、「持続可能な水道事業運営には広域化と官民連携を推進する」とし、その後に行われた水道法「改正」への布石を打ちました。

　安倍政権は上下水道へのコンセッション事業を強引に導入しようと、2016（平成 28）年秋に補正予算として、コンセッション事業等導入の前提となる資産評価、官民の役割分担の検討等に係る調査費用を 100％補助する「上下水道コンセッション事業の推進に資する支援措置」に応募する事業体を募りましたが、この「大盤振る舞い」に対しても一次募集では目標数に達せず、二次募集までかけ執拗にコンセッションを上下水道に持ちこもうとしました。

　このような政府の動きの中、水道法「改正」前から各地で広域化や民営化などの動きが強まってきました。水道事業だけにとどまらず、すでに下水道事業にコンセッションが導入された浜松市、自由化により地域独占が崩れ民間との競合が厳しくなる公営ガス事業、そして、ひと足先に広域化・統合化が進められている簡易水道事業や小規模水道事業体の例も合わせてこの章ではお伝えします。

　詳細については、それぞれのレポートを読んでいただくこととして、ここでは特徴点や共通点をいくつかご紹介したいと思います。

1　自己水源放棄・広域化の流れ

　日本の水道事業は原則として市町村単位で経営されてきました。厚労省は給水人口が５万人未満の中小水道事業者のほとんどがコスト割れをおこし、また、自治体間の料金格差も大きいと問題にしています。

　それを解消するためにも「広域化」によるスケールメリットを活用すべきと主張し、今回の水道法「改正」においても、この点を重点項目としてあげています。

　しかし、香川県の中谷氏のレポートでは、広域化により脆弱な香川用水の水利を押し付ける代わりに各事業体の持つ自己水源を放棄させ、広域化計画に加わらない自治体に対しては県が陰に陽に圧力をかけてくる実態が書かれています。

　また、広域化とは直接リンクしないはずの今後の料金予測について、参加しない自治体は倍以上の料金値上げが必須といった資料を県が配布するなど、議員自ら「これは県による脅し以外の何ものでもない」と憤る状況がレポートされています。

　水道法「改正」によって、今後は香川県で行われた県による強権的な「広域化」が「合法化」され、「自己水源の放棄」や、「余剰化したダム水の押しつけ」がさらに強められる可能性は否定できません。

　レポートの中では2018年に全県一元化の広域水道発足以降、「民営化への地ならし」とも思える動きや住民が「見えない水道にさせない」とネットワークを立ち上げた姿が報告されています。

　埼玉県の水村氏のレポートでは、定住圏構想に伴いその中心市を宣言した秩父市とその近接自治体のひとつである小鹿野町が、水道事業の広域化を強要されていく過程が描かれています。

　小鹿野町の現在の水源である赤平川の水は良質であり、その地形か

ら自然流下を活かした地球にやさしいい水道システムとなっています。ところが、統合により産業廃棄物処理場など水質汚染の心配も多い荒川の水をポンプアップして配水するという計画に町民の反対運動が広がっています。

　現在進められようとしている「広域化」の先駆けとして簡易水道事業においては、「1市町村1水道事業」の国の方針の下で簡易水道事業が水道事業に統合される例が相次いでいます。京都の長谷・衣川両氏のレポートでは、簡易水道は小規模であるが故に財政基盤が脆弱で国の補助金や一般会計の繰入に依拠することが認められていましたが、上水道に統合され企業会計とされたことにより、母体となる水道事業体の財政が悪化する例があることがレポートの中で語られています。

　まさに地方の首長たちが「『赤字＋赤字は赤字』だが『赤字＋黒字は赤字』という事業統合の算数式の基本が国はわかっていない」と嘆く実態がここにあります。

2　唐突な提案・結論ありきの姿勢

　多くの事業体に見られるのが、安倍政権の成長戦略の流れの中で広域化・コンセッション化の計画が水面下で進められ、唐突とも言える状態で議会に対して提案が行われていることです。

　香川県では2014年に県が広域化計画を発表して翌年には「法定協議会」の設立、2018年には広域化がスタートしました。この間、傘下の自治体では議会、住民とも広域化への十分な議論、住民合意が行われる余地はありませんでした。

　宮城県の内藤氏のレポートでは2016年に大手商社や大手水道事業者が参加して非公開の「懇話会」がおこなわれ、その2年後に条例制定や民間事業者の選定のための業務を委託、2019年にはコンセッション

方式導入の条例改正が可決と矢継ぎ早に物事が進められ、「十分なる合意形成を無視している」と言われる実態が明らかにされています。

　奈良市の井上氏のレポートでは、2016年3月に、上下水道事業のコンセッション関連条例が議会に提案されましたが、説明不足や住民の理解が得られていないなどの理由で否決をされます。しかし、コンセッション反対の声の前に立ち止まったかに見える中、その後も県と一体となって広域化と民営化を推し進める当局の姿も報告されています。

　これらに共通するのは国の動きばかりに目を向け、議会や住民に向き合おうとしない当局の態度ではないでしょうか。

3　過去の過剰投資には「ほおかむり」

　宮城県の「上下工水一体官民連携」では、対象となっている仙南・仙塩広域水道の対市町村への2019年度の一日平均給水量は供給可能水量の66.8％、同じく大崎広域水道では59.6％、工業用水道に至っては約30％でしかなく、明らかな供給能力過多の過剰投資です。その反省を議会で問われた企業管理者は「未来志向が大事」と発言する始末です。

　同じく奈良市においても6期に亘る拡張工事において一日約25万トンの取水権を確保しました。しかし、現在の給水量は一日約11万8000t、一日最大給水量にしても13万4000tにしか過ぎず、明らかな過剰投資となっています。

　その上、83億円程度の事業収入の中で、その3分の1にもあたる27億円もの金額がダム建設の負担金として2014年まで続き、老朽化した施設の更新もままならない状況がもたらされました。

　これらの事例からは、水道法「改正」の理由である経営基盤が揺らいでいる原因は、過剰な需要予測と、それに基づく無駄な投資が現在

の経営悪化を招いたことが明らかにされています。

4　コンセッションは「経営基盤強化で経営改善」のはずが……

　奈良市では上下水道一体のコンセッションを目指しています。しかし、ここでは赤字地域である「東部3地域」のみをコンセッションの対象とする、他では見られない当局の身勝手な計画があります。

　どの事業体でも地域を細分化していけば、人口密度などさまざまな条件で給水単価の高い地域は発生します。東部3地域は9.4億円の事業規模に対して料金収入はわずか2.9億円、残りは一般会計の繰入に依らざるをえない状況であることは明らかです。

　しかし当局は「現在の料金水準を保つためコンセッション方式を導入し、更なる経営効率化を進める」(奈良市企業局説明資料)とし、コンセッションでこれらの赤字を解消する「経営基盤強化」ができるなどという根拠のない説明が行われています。

　今回の水道法「改正」がこのような形で不採算地域の切り捨てに利用されれば、国鉄の分割民営化同様、地方山間部の水道事業体が「第二のJR北海道化」することは明らかです。

　コンセッションが水道事業体の赤字対策の特効薬ではないことは、厚労省も認めているにもかかわらず「コンセッションで『経営改善』」といった説明が各地で横行しています。

5　水道だけではない、コンセッションの拡大

　大津市の杉浦氏のレポートは、公営ガス事業の中では全国第2の売り上げ規模を持ち、黒字優良企業であり西日本で一番料金の安い大津

市営のガス事業のコンセッションの動向です。

　2017 年 4 月から始まったガスの小売全面自由化により、今後の新規参入企業や他の業種とのセット販売に対抗が難しいという状況があったとしても、住民に対して十分な説明もなく着々と国の方針に従い民営化先にありき構想が作られていき、今後は上下水道がセットでコンセッション化していく危険性がレポートされています。

　また、浜松市の落合氏のレポートでは、市町村合併前には 11 市町の県の管轄の下水道事業であった西遠流域下水道事業が、市町村合併により浜松市の管轄となり県から移管を受けたにもかかわらず、浜松市が運営を行わず外資系の SPC（特別目的会社）に運営権が渡され、日本初の下水道事業のコンセッションが開始された経過が述べられています。

　浜松市においては今後、上水道事業、市内の他の下水道事業も含めコンセッション化されていく危険性を指摘しており、落合氏が民間資本の競争原理の優位性を前面に説明する当局に対して、それが画餅であることを議会で論破している様子も議会発言の引用から伺えます。

6　水道民営化に対する根強い不安、
　　議会や住民による反発

　大阪の植本氏のレポートでは 2017 年 3 月に大阪市議会で廃案となった大阪市の水道民営化関連議案に関して、その前哨戦であった府営水道・市営水道統合の動きから振り返り、大阪における保守層や多くの市民団体と共同した「民営化ノー」の運動を積み上げてきた経験が語られています。

　大阪市の民営化案に書かれた「現在 1500 人あまりの職員で行っている 270 万人の市民に対する給水を、新たな民間企業がたった 1000 人の

非正規労働者を含む人員で運営できる」「民間という立場を利用して他の事業や海外展開までする」という当局の目論見に「本当に大阪市民のいのちの水は大丈夫なのか？」といった素朴な疑問が沸き起こり、市民団体がインターネットを通じた情報発信を行う中で、今までの運動の枠を超えた人々のつながりができたと述べています。

　奈良市においては、一部赤字地域のみをコンセッションの対象にすることに対して、「いままで水源地としてダム建設に協力してきた」「市町村合併に協力をしてきた」など、「何故一部の地域だけが切り離されて民営化なのか」と言った反発や、唐突な提案で住民の理解が得られていないと民営化を是とする市議会会派を含め条例を否決するなど、いのちの水を民間に売り渡すことに対する反発は根強いものがあるといえます。

7　今後の闘いの糧として

　これらのレポートから学び取れるものは、広域化やコンセッション自体が「基盤強化」の特効薬などにはならないという事実と、それを無理やり説明し、ボロが露呈し議員や住民が真実を知る前に物事を進める必要に迫られている当局の姿です。

　今後、水道法「改正」の流れを受けて、全国的に広がるであろう、水道民営化・コンセッション導入、広域化の流れと対峙するにあたり、水面下で進む動き・問題点を住民に広く知らせ、国政において市民と野党の共闘が従来になく拡大したことに学び、一回りも二回りも大きな民営化反対の住民や政党とのネットワークを大阪の闘いのように構築していく必要が、民営化阻止・トップダウン型広域化構想阻止の闘いに求められています。

　そして、何よりも「心強い味方」は厚労省や総務省自身が私たち自

治労連公営企業評議会とのやり取りのなかで、「広域化やコンセッションはあくまでも経営改善のツールとしての選択肢のひとつ」という立場を明確にしていることです。

　「広域化やコンセッション」を経営改善の有効なツールとして導入するか否かは事業管理者、首長の判断であり、その判断を誤らせない力は議会や住民に委ねられています。

1

香川県

全国初の県内一水道　その矛盾と現状

中谷真裕美

　香川県では、2018年4月に岡山県から受水している直島町^{なおしまちょう}を除く、県下8市8町すべての水道事業と県の用水供給事業を一元化した全県一つの広域水道事業をスタートさせました。県知事を企業長とする水道企業団が運営主体です。2014年に県が広域化計画を公表して以来、「なぜ身近な自己水源を廃止するのか」「市町の自治がないがしろにされている」、といった疑問の声を挙げてきました。広域化開始から2年、この間、水道法の改正もあり水道への関心が広がる中、「広域化で水道事業が見えなくなった香川は、住民が気づかないうちに民営化へ進むのではないか」という不安を感じている住民が、「いのちの水を守ろう」と動き出しています。

1　香川の水事情と広域化計画

　全国一面積の狭い香川県は大きな河川もなく、年間降水量は全国平均のおよそ6割といわれ、歴史的に水の確保に悩まされてきた土地です。1973年の大渇水では、高松市において一日3時間給水となり、自衛隊も出動する大規模な給水活動の様子が、「高松砂漠」と全国に報

図表1-1　香川用水の概要

資料：「香川用水管理所」ウェブサイトの図より作成。

じられました。それゆえ、この翌年、吉野川総合開発計画の中核、早明浦ダムを水源に讃岐山脈を越えて来る香川用水が通水開始した折には、「これで渇水の心配がなくなる」とその恩恵に県民は歓喜したといいます。現在も香川用水が県内水道水の約5割を占めています。しかし当初の予想に反し、香川用水導水以降も渇水は発生し、特に1994年、2005年、2008年は、早明浦ダム貯水率0%となる異常渇水が発生しています。

　県内各自治体は、このような経緯の元、香川用水は「不安定な水源」しかも「高価な水」であり、極力香川用水に頼らず自己水源を確保することが、安定した水道事業経営の定石としてきました。近年では異常気象でほぼ毎夏、取水制限がおこる一方、通常時は水需要の減少で、

香川用水は水余り状態となっています。ところが2014年秋、この香川用水を全量活用し、県内自己水源の浄水施設は半分以下に廃止縮小することを基本方針とする、香川県全県水道一元化の広域化計画が公表されたのです。

2　自己水源廃止の矛盾

　自己水源の廃止は、広域化計画の最大の矛盾と言えます。これまで自己水源の開発を推進してきた方針から180度の転換です。廃止予定とされた浄水場に関わってきた元水道職員は「水源の井戸を掘るため、地元の人の同意を取り付けようと日参した。苦労して作ったこの水源に助けられてきた。失くすというなら、異常渇水になっても絶対に地域住民の水を確保できるという確実な保証をしてからにしてほしい」と訴え、住民からは「"おいしい水"と地元が誇りにしている水源をなぜなくすというのか」との疑問の声がだされました。水道広域化推進論者からも、香川用水の水源早明浦ダムはそもそも利水のダムとしては十分とは言い難いこと、この計画の自己水源施設半減は疑問だ、との声が聞かれました。

　自己水源を廃止することへの不安は、渇水対応だけではありません。今後30年の間に70%～80%の確率で南海トラフ地震が起こるといわれていますが、香川用水は要注意断層と言われる中央構造線がその南を走る讃岐山脈を、8キロの導水トンネルで貫き送られて来ます。大地震で被災すれば、県内水融通できる送水管の広域整備を行ったところで、徳島県から香川用水が来ないのではどうしようもありません。香川用水にさらに水源を集中させていくことは、この間の大地震による断水の教訓として言われる「水源の分散化」から逆行しており、危機管理上も大問題です。「施設を統合しダウンサイジングすることで経

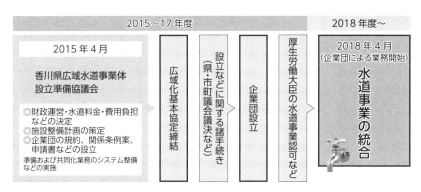

図表1-2　県内水道広域化スケジュール

資料：香川県水道局「安全で安心〈香川の水〉」2017年より作成。

営基盤の強化を図る」と県は広域化の必要性を主張しますが、いざという時に住民の水がないのでは、何のための「基盤強化」でしょうか。本末転倒です。

　自己水源廃止に対する批判・疑問の声は根強く、少なくない自治体の首長からも意見が出されました。「広域水道事業体設立準備協議会」がまとめた最終の基本計画では、当初、施設整備方針の一番に挙げられていた「香川用水全量活用を基本とする」という表現は消え、廃止とされている自己水源についても「水質の良好なものは予備水源として残す」というあいまいな説明に代わりました。しかし、「広域化施設整備で水融通が可能となり十分な水量を確保できるようになれば、順次廃止していく」としており、将来自己水源を半分以下にする前提で事業計画が進められていることになんら変わりはありません。

3　市町の自治ないがしろの広域化推進

　自己水源の廃止の矛盾とともに広域化の問題は、市町の団体自治、住民自治を踏みにじる進め方です。これは問題点というより、国策で

ある水道広域化の持つ本質を示していると感じます。

　香川県は、2014年に広域化計画を公表して以降、法定協議会である「広域水道事業体設立準備協議会」（以下「準備協議会」）へ、県内全ての自治体が参加するよう、文字通り力づくで進めました。広域化計画が公表された当初は、それぞれの市や町が独自の財政シミュレーションなどで検証を行った結果、広域水道への参加に懐疑的な自治体が少なくありませんでしたが、「準備協議会」事務局の県職員や、時には県知事自らも、それら自治体の首長や議会へ「懇談」「説明」に乗り込み「各個撃破」で全県一元化の広域化へ強力に流れが作られていきました。「準備協議会」発足当初参加を見送った2自治体には、改めて公表された水道料金の試算の中で、広域化に不参加の自治体は香川用水供給単価が現在の68円から126.7円になるため、水道料金が大幅値上げになる、「水道料金イメージ図」が示され、これが決定打となり、全自治体が「準備協議会」へ参加となりました。「これは県による脅し以外の何ものでもない」と当初不参加を表明していた自治体議員は怒りを顕わにします。「なぜ、広域化に参加の有無で用水供給単価が倍近く変わるのか。明らかに不参加自治体へのペナルティではないか」とその算出根拠の説明を求めても、「準備協議会」は説明を拒んできました。県からの「広報」以外の情報公開や、パブリックコメントの実施を私たちが求めてもかたくなに拒否し、広域化が決定するまで、住民・議会の関与を受け付けない姿勢は一貫していました。広域化の最終決定である、各市町の水道事業廃止の議案が議会に諮られる時点では、すでに「広域水道企業団」が発足し、第1回の企業団議会も開催済みの状況でした。「広域化に参加するか否かは各自治体の判断」とされていましたが、市町に事業形態を選択できる余地などなかったのが現実です。

　香川県の水道広域化にいたる経緯は、水道事業者である自治体の住

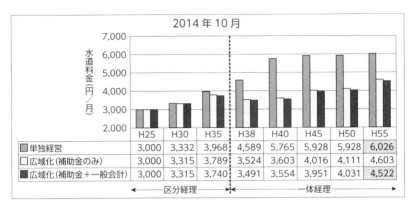

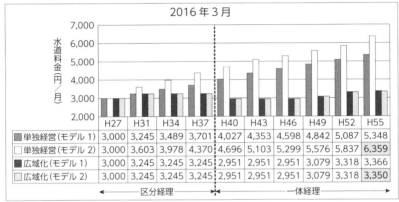

図表1-3　水道料金のイメージ（坂出市）

資料：上図：香川県広域水道事業体検討協議会「広域水道事業及びその事業体に関する基本的事
　　　項の取りまとめ」2014年10月より作成。
　　　下図：第4回香川広域水道事業体設立準備協議会資料、2016年3月より作成。
注：家庭用20m³使用、価格は税抜。

民も議会も自分たちの水道の今後を決める協議の "蚊帳の外" におか
れることを示しました。現在、改正水道法が施行され、広域化への県
の権限はさらに強くなっており、まさに自治の空洞化が進むことに他
ならないと思います。

4　広域化で拡大する業務委託とその一元化

　2018年に全国初の全県一元化の広域水道が開始となりました。スタート時点では、各市町に従来通り水道事務所が残り、事務所の再編統合は2年後、会計・水道料金の統一は10年後、職員は元の自治体の身分のまま派遣、という状況で、住民に皆さんには広域水道になった影響はほとんど感じられませんでした。一方、市町議員である私たちは、これまで水道予算や施設整備の協議を毎年積み重ねてきたところから、一切市町議会の関与がなくなるという変化に戸惑いました。市や町は「水道はうちの事業ではない」という立場で、市民生活に深くかかわる水道の問題があっても議会で問いただすこともままならなくなり、水道事業が見えなくなりました。

　2020年度に、これまで市町ごとに設置されていた16の事務所が、5つのブロック統括センターに集約・統合されると、「役場にあった水道の窓口がなくなった。」「小さい町の地元水道事業者には仕事がなくなるのでは」といった住民や水道事業者の声が聞かれだしています。水質検査室の統合も計画に上がっており、水源近くに豊島の産廃処理を行う処理施設がある地域の住民から不安が出されるなど、広域化の影響が見えはじめています。また、ブロックセンター化に合わせて行われたのが、業務委託拡大と委託先の一括化です。ブロックごとに窓口業務を集約するのに合わせて、検針・料金徴収等業務が委託され、委託先としてほぼ「ヴェオリア・ジェネッツ」に、浄水場の運転維持管理業務は一か所のブロック統括センターを除く18施設を一括契約で「Jチーム」に委託しています。どちらの企業もこれが県内初めての受託実績です。このような状況を見ると、企業長でもある県知事は「現在民営化は考えていない」と議会答弁をしていますが、客観的には民

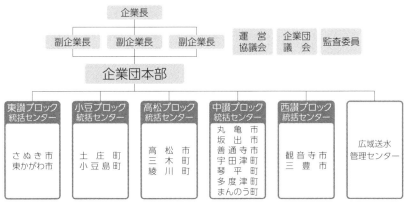

【　　本　　部　　】総務、人事、経理、広域施設整備などの企業団の管理運営業務等の集中
　　　　　　　　　　管理を行います。
【ブロック統括センター】管轄地域の浄水場の管理運営や料金の支払い等に関する業務、管路、施
　　　　　　　　　　設の工事等を行います。
【広域送水管理センター】香川用水を水源とする浄水場の管理運営や工業用水道事業等を行います。

図表1-4　企業団の組織

出所：香川県広域水道企業団ウェブサイトより作成。

営化へ移る条件を整える"地ならし"が進められている、と見えます。

5　「いのちの水を守ろう」住民ネットワークが立ち上がる

　広域化計画が持ち上がった時から疑問を感じ、声を上げ、学習もし
てきた住民の皆さんが、「見えない水道にしないで」と企業団に対し、
住民が参画する審議会等の場を求めていました。これはブロック統括
センター開設にあわせて「地区別意見交換会」という形で設置される
事になりました。この会をアリバイ的なものでなく、住民に丁寧に情
報が開示され、意見の反映が可能な場にさせていくこと、また、知ら
ない間に「うちのまちの水源が廃止されていた」「民営化されることに
なった」、という事態にならないよう、幅広く水道に関心のある住民が

つながること、を目指し、ブロックセンター化を前にした2020年3月に住民ネットワーク「いのちの水を守る会　香川」を立ち上げました。

　立ち上げの会では、広域水道企業団の職員からも、働く者の視点から見る広域水道のレポートが寄せられました。そこには、企業団職員としての給料をはじめ、労働条件が決まらず、予定していた2020年度からの企業団職員への身分移管ができない現状が報告され、「広域化され身分移管を急がされるほど民営化を目指しているのではないかと考えてしまう」事や「広域化のすべてを否定するわけでは決してありませんが、市民もましてや職員さえよく中身を知らされないまま広域化し、水道の仕事に誇りを持っているなら頑張れと言われるのは、通らないと思う」「民営化に抗うためにも、各自治体が協力して職員間の軋轢のない企業団になっていくようにしたい」と、語られています。

　広域化の矛盾や民営化への危惧が具体的に見え始めた香川県。水道に様々な立場でかかわる人たちと「私たちの水道を見えない水道にさせない、民営化させない」の思いでつながり、運動を広げていきます。

2

宮城県

水道事業の「民営化」の現状と問題点

内藤隆司

　宮城県は「上工下水一体官民連携」と称して、県企業局が水道事業者としての認可を保持しつつ、管理運営を民間企業に委ねるコンセッション方式（「みやぎ型管理運営方式」と呼称）の導入をめざしています。

　2016年度には、大手商社や大手水道事業者の参加で、非公開の「懇話会」を開催し、コンセッション方式の導入を検討してきました。2017年度は、国の全面的な財政支援により「導入可能性調査」「デューディリジェンス（due diligence）調査（資産調査）」の業務委託業者を選定するとともに、さらに多くの民間企業の参加で3回の「検討会」を開催しました。2018年度は、その「調査結果」等を踏まえ、条例制定、実施方針策定、民間事業者の選定等をおこなうための「アドバイザー業務」の委託契約をコンサル業者と結びました。

　そして、2019年12月にはコンセッション方式の導入（以下「民営化」）を可能とする条例改正が県議会で可決され、2020年3月には、上水、下水、工業用水の3事業の運営権を20年間売却する相手先＝運営権者の公募が開始されました。2021年3月には優先交渉権者の選定をして、2022年4月から「民営化」事業開始というスケジュールです。

　下水道事業の「民営化」は、静岡県浜松市、高知県須崎市の例がありますが、県民にとって「命の水」である上水道事業を「民営化」するのは全国で初めてになります。

　村井嘉浩知事は、「民営化先にあり」の姿勢で、安全・安心に対する県民の不安や心配に正面から応えないまま、「民営化」を強行しようとしています。その現状と問題点について触れたいと思います。

1　宮城県の「民営化」構想

　県企業局は上水道事業として、大崎広域水道事業及び仙南・仙塩広域水道事業の2事業を実施しています。大崎広域水道は、県北部の10市町村に1日6万240トン（一日平均給水量、2019年度）、仙南・仙塩広域水道は、仙台市を含む県中央地域、及び県南部の17市町に1日18万6416トン（一日平均給水量、2019年度）の水道水を供給。両方を利用している市町が2つあるので、上水道事業としては県内35市町村のうち25市町村に対して、県内で使用する水道水の33.4％を供給しています。

　また、県企業局は仙塩、仙台圏、仙台北部の3つの工業用水事業をおこなっており、合計69企業に合計1日約8万8500トン（一日平均給水量、2019年度）の工業用水を供給しています。

　さらに、土木部下水道課が管理していた流域下水道7事業を企業局の管理に移行して、そのうちの仙塩流域と阿武隈川下流域、鳴瀬川流域、吉田川流域の4事業（合計で1日約23万トンの汚水を処理）を上水道、工業用水事業と「一体化」して、管理運営を民間企業に委ねるというのが、宮城県の「民営化」構想です。

　当初は、下水道事業については仙塩流域と阿武隈川下流域の2事業が「民営化」の対象でしたが4事業に拡大されました。「検討会」など

項　目	水道用水供給事業		工業用水道事業			流域下水道事業			
地　　域	大　崎	仙南・仙塩	仙塩	仙台圏	仙台北部	仙塩	阿武隈川下流	鳴瀬川	吉田川
事　業　数	2 事業		3 事業			全体 7 事業中 4 事業			
施　設　能　力 （m³／日）	380,150		258,500			397,625			
実　績　水　量 （2019）（m³／日）	246,656 （施設能力の 65％）		88,500 （施設能力の 34％）			232,457 （施設能力の 58％）			
県内のシェア （2018）	24 万 6000m³／73 万 6000m³＝33.4％		―			―			
給水先市町村数 ・事 業 所 数	25 市町村		69 事業所			15 市町			
経　営 （2018） 収益	137 億円		15 億円			56 億円 （2019）			
純利益	44 億円		3 億円			13 億円 （2019）			
委託方式／期間	一部外部委託 2020〜22 （3 年間）		一部外部委託 2020〜22 （3 年間）			指定管理 2020〜22 （3 年間）			

図表 2-1　水道 3 事業の規模・統計データ

資料　宮城県企業局「令和 2 年度企業局の概要」「宮城県の水道」（2018 年度版）より作成。

を通じて下水道事業の位置づけ大きくなっているのは、上水道事業では利益が得られないという企業側の意見が反映しているのではないかと思います。20 年間の事業期間において受託企業が利益の大半を得るのは下水道施設関連と想定されます。

2　宮城県の水道事業と課題

　県企業局は「民営化」の理由として、人口減少によって給水量が減少することで、将来的に経営が維持できないことをあげています。上水道事業では、収益は現在の 150 億円から 20 年後には 140 億円に、年間

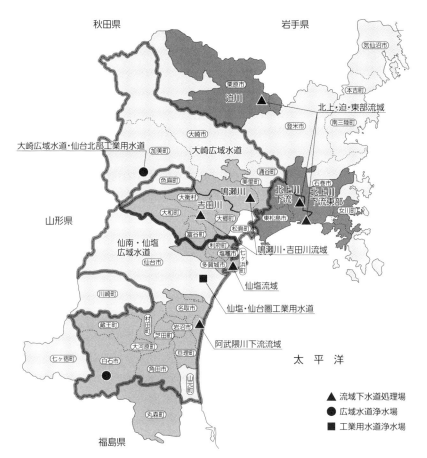

図表 2 − 2　みやぎ型管理運営方式対象事業圏

資料　第 2 回宮城県上工下水一体官民連携運営検討会（2017 年 8 月）資料より作成。

10 億円減少すると予測。今後 20 年間で必要となる管路更新需要 1410
億円を確保するのが厳しいと説明しています。工業用水道は、年間純
利益が 7000 万円しかないのに、20 年間の管路更新需要は 190 億円に
もなる、としています。「民営化」しなければ、「水道料を大幅に引き
上げざるを得なくなる」とか「工業用水は現在国内で 1 位 2 位を争う

高料金となっており、これ以上料金を上げれば企業が逃げてしまう」
と危機感をあらわにしています。

　しかし、高料金に苦しめられる原因は、未来の「人口減少」にあるの
ではなく、過去の過大な施設整備にあることを見なければなりません。

　仙南仙塩広域水道では、一日平均給水量（2019年度）は供給可能
量の66.8％、大崎広域水道では59.6％に過ぎません。工業用水道は、
1994年度のピーク時から契約水量が５割も低下、供給可能水量25万
8500トン（1日当たり）に対して、一日平均給水量は約３割の８万
8500トンしかありません。

　この明らかな供給過剰は、当時の国策に従って、人口増と企業誘致
の希望的な観測をもとにして、ダム建設や施設整備をすすめたことに
原因があります。

　議会の常任委員会で私は、企業局の管理者に「その反省はないのか」
と問い質しましたが、「当時はそういう時代だった。反省も必要かも知
れないが、未来志向が大事」などと答弁しました。時流に流されて失
敗したという自覚はあるようですが、今度もまた、「民営化」という国
の誘導策に無批判に乗ろうとする姿勢にはあきれるほかありません。

　また、私は供給過剰状態を改善するためのダウンサウジングの必要
性を指摘しましたが、「これから検討する」という回答でした。その後、
２つの浄水場の施設縮小などの方向性が示されましたが、それによっ
て経営状況がどうなるのかの検証はおこなわれておらず、「民営化先に
あり」の姿勢は明らかです。

3　「企業の利益を損なう」として業者選定過程が 「非開示」に

　宮城県における「民営化」の具体的な内容に入る前にどうしても触

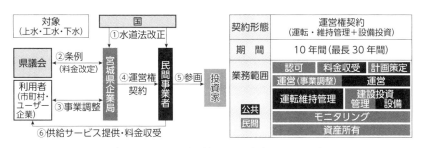

図表2-3　みやぎ型管理運営方式スキーム案

資料　同前。

れておきたいことがあります。

　県企業局は2017年4月、水道事業の「民営化」にあたって、「導入可能性調査」「デュ・ディリジェンス調査」について、プロポーザル方式で業者選定を実施しました。私は、その業者選定過程に至るいっさいの行政文書の開示を求めて、宮城県情報公開条例に基づく開示請求をおこないました。

　開示された文書は、合計45文書497枚に及ぶものですが、そのうちの3割を超える約160枚が、全部真っ黒に塗りつぶされていました。いわゆる「ノリ弁」状態です。プロポーザルに参加した企業名に加え、選定された業者も含めた技術提案の部分はすべてが「非開示」となっていたのです。

　非開示の理由は「企業の利益を損なう」というものでした。私は、技術提案部分のすべてが「企業利益を損なう」というのは「納得できない」と主張したところ、企業局管理者の答弁は驚くべきもので、「文書のすべてについて『企業利益を損なう』かどうかを判断するには非常な手間がかかり大変であるため、すべて非開示とした」というのです。

　これは、情報公開できる部分も含めて非公開にしたということで、情報公開制度そのものを根本から否定するものに他なりません。

　私たちはこの情報開示を不服として、審査請求をおこないました。

宮城県情報公開審査会は 2019 年 3 月、私たちの言い分をほぼ認めた「答申」を出し、県企業局に対して情報公開をやり直すよう求めました。しかし、5 月に改めて開示された文書は、情報公開審査会の答申を全く無視して、「企業情報＝企業のノウハウ」の立場から、情報開示を拒否するものとなっています。

　現時点では、「民営化」を担う業者の募集がおこなわれており、基本協定書、実施契約書、要求水準書などの案が示されています。今後、優先交渉権者を選定するため、募集業者との「競争的対話」が実施されることになっています。そのなかで、基本協定書（案）などの文書がどのように変更されるかわからない、とのことです。なぜ変更されたのかを知るためには「競争的対話」の情報を開示することは不可欠ですが、企業局のこのような姿勢では開示されない恐れがあります。

　これでは、県民にとっての命の水の安全と安心、安定供給が本当にもたらされるのか、甚だ心もとないと言わなければなりません。

4　宮城県の水道「民営化」の問題点

　宮城県の水道「民営化」について、日本共産党県議団がこの間とりあげてきた問題点について、以下述べます。

⑴　公共性を担保できるのか

　水道事業は、住民の生存権に直接かかわるもので、高い公共性が求められることは言うまでもありません。一方、企業は利益を生み出すことが第一に優先され、利益を生み出さない事業からは撤退し、利益を生み出すために商品の品質を落とすことさえおこなわれています。神戸製鋼の品質検査データの改ざんや KYB 株式会社による免震・制振装置データ改ざんなどが大問題になりましたが、水道事業において、

利益のために水道水の品質や供給が犠牲にされるようなことがあってはなりません。そのための最大の保証は、公営を維持することです。

　本来、公共性を確保するための仕組みづくり、制度設計は、県が主体的におこなうべきものですが、宮城県はその根幹部分を冒頭に述べたようにコンサル業者に委ねてしまいました。ますます「企業の利益を守る」制度になってしまうという不安が大きくなっています。

⑵　モニタリング体制の確保について

　モニタリング基本計画書（案）では、モニタリングは①運営権者によるセルフモニタリング、②県によるモニタリング、③（仮称）経営審査委員会によるモニタリングと三段階の体制がとられることになっています。県のモニタリングは、運営権者から提出された書面及び会議体において、運営権者からの報告を受け、確認・監視を行うことになっています。県が必要と判断した場合は、県が現地確認や抜き打ち検査を実施するとはなっていますが、運営権者のモニタリングをそのまま容認するものになってしまうのではないかと危惧されます。

　「民間企業のノウハウの活用」といいますが、「民営化」によって、県の技術者の体制が薄くなり、水道事業の管理運営に長年携わってきた県の「ノウハウ」が失われてしまうことが心配されます。

⑶　民間事業者の利益を優先

　県は「みやぎ型管理運営方式」について、高い公益性が求められる水道事業を守り、「認可事業者として責任を果たす」と明言し、「民営化ではない」と強調しています。水道料金の設定も県がおこなうことを明確にしています。

　しかし一方で県は、その特徴を「民間事業者に過大な負担を負わせることなく事業運営への参画を促す官民協働運営のスキーム」と位置

づけています。2017年2月におこなわれた第1回「検討会」で村井知事は、「民間がやりやすいようにスピード感をもって」取り組む事を強調しました。また、同じ「検討会」で内閣府大臣補佐官の福田隆之氏は「行政が企業のために何をできるかを考えるべき」と話しました。行政を企業の利益のために活用するという「民間事業者ファースト」の姿勢は明らかで、「民営化」に他ならないと私たちは考えています。

　「企業の利益を損なわず」「企業の利益を守る」ことを最優先にすることにより、「県民の利益が損なわれる恐れがある」とは全く考えていないようです。

　同時に県は、「自然災害等により発生する不可抗力のリスク」は民間事業者が担いきれないものとして免除。また、今後の管理運営のなかで最大の課題となる「管路更新費用」は、県が負担することを明確にしたうえで、管路の本格的更新は今回の契約期間が過ぎた20年後からとしています。管路更新の費用を生み出すための「民営化」という面からすれば本末転倒です。企業との「対話」が進めば進むほど、制度や仕組みが企業の言い分に近くなっています。結局のところは「利益は民間事業者に、負担は県民に」というのが現実ではないかと危惧します。

⑷　水道料金はどうなるのか

　コンセッション方式で水道料金はどうなるのかは、県民、自治体関係者の大きな関心事です。県企業局は「このままでは値上げは避けられない」と、コンセッション導入の最大の理由にしてきました。「コンセッションを導入しても料金値上げは避けられないが、値上げ幅を抑えることが可能」と言ってきました。

　しかしそれでも、県民や受水市町村から不安や不満の声があがっていました。そこで県は2019年12月、市町村の責任水量を見直し、受

水料金を引き下げ「20年間、水道料金は安くなる」と言い始めました。

　そうでもしなければ、県民や受水市町村の理解を得られないと判断したうえでの決断だと思いますが、これには"からくり"があります。

　それは本格的な管路更新を20年後以降に先延ばしにしたことです。先述の通り、県は管路更新の費用を確保することを「民営化」導入の根拠の一つにしてきました。20年間も管路更新を先延ばしにできるのなら何のために「民営化」するのかということになるのですが、「民営化」の方針さえ決めてしまえばそんなことはどうでもよいことなのでしょうか。あまりにも身勝手だと思います。

　水道事業は持続性が求められます。20年間だけ良ければいいというものではありません。県が主張するように仮に20年間の料金は「安く」抑えられたとしても、その後はどうなるでしょうか。先延ばしにした管路更新のしわ寄せを受ける20年後の水道事業はどうなるのか。そのことを心配せざるを得なくなっています。

　県は、「民営化」した場合の事業費削減額を247億円と試算しています。その算定方法は、マーケットサウンディングという手法で、関係する企業35社に対してどれだけ削減できるのかを調査した結果に基づくものとしています。しかしその内容は、費目ごとに具体的な根拠をもった削減額を示したものではなく、導入可能性調査報告書で設定された削減率の3つのケースの1つを微調整しただけのもので、全く根拠がないことが明らかになっています。

　この事業費削減効果が料金上昇を抑制できる根拠になっています。具体的根拠がない数字を当てにしたものですから、はなはだ心もとないと言わなければなりません。

　料金設定の権限は県にあるといっても、企業側から料金値上げの要望が出されることは明らかで、結局は企業の言い分が通る形にならざるを得ないのではないかと危惧しています。

　民間事業者が管理運営を担うことになれば、まず企業としての利益を確保しなければなりません。法人税や株主への配当金など、「民営化」によってかえって必要経費が増大し、むしろ料金値上げの要素になるのではないか、と私は指摘してきました。

(5)　民間事業者の撤退リスクについて

　水道事業においては現在も業務委託をしています。委託期間は4〜5年となっていますが、それでは民間事業者が投資や人材育成に資金を投下することが困難であるとして、「民営化」にあたっては20年の長期契約を予定しています。

　しかし一方で、民間事業者が長期にわたって安定的な運営を継続できるのかという問題も生れます。企業局の素案では、「投資家が事業から撤退する自由を確保する必要がある」となっていました。事業概要書（案）では、県が要求するサービス品質を達成できなかった場合の運営権者へのペナルティ、運営権の取り消しや運営権譲渡などが規定されています。民間に委ねるということは、企業の撤退リスクも想定しなければならないということです。

　ここには、県民にとっての「命の水」を民間事業者に委ねることの危うさが示されていると言わざるを得ません。

(6)　市町村への展開について

　宮城県における水道事業の「民営化」は、県企業局が管理運営する「上工下水」が問題とされています。上水道でいえば25市町村は、県が浄水した水を買って水道事業をしています。それぞれの市町村が使う水道水の全量を県の水（県水）に頼っているところもあれば、別の水源を持っている市町村もあります。県としては、将来的には「水源から蛇口まで」を一括して企業に委ねるという形で、これらの市町村

を「民営化」にまきこもうとしています。

　その条件をつくるために、現在、市町村単位で運営している水道事業を「広域化」して経営規模を拡大する取り組みを上からすすめています。この「広域化」の動きは、市町村の水道事業の「民営化」の地ならしと言わなければなりません。

5　県民の理解を深めるために

　宮城県における水道事業の「民営化」の現状と問題点を大まかに述べてきました。「民営化」に対する県民の不安と疑問の声は大きく広がりつつありますが、「民営化」をストップできるほどのものにはなっていません。

　大事なのは、「民営化」が市町村や県民にどのような影響を与えるのかを具体的に、わかりやすく、伝えることです。安全で安心な水を、安定的に、より安価に提供するためには、民間企業まかせではできないことを、県民に理解してもらえるような主張と運動を展開することが強く求められています。

3

浜松市

下水道処理場のコンセッション化問題

落合勝二

　浜松市下水道処理場の一部（西遠浄化センター）は 2018 年 4 月から、日本で最初のコンセッション事業として開始されることになってしまいました。議会での十分な審議もされず、市民の理解もコンセンサスも極めて不十分なまま事業化されることに残念な思いを強めています。安倍晋三政権の成長戦略の一つとして上下水道のコンセッション化の方向が強められており、浜松市においては下水道西遠処理場を皮切りに、下水道事業全般への拡大や上水道事業へも導入がねらわれている状況にあります。川・湖・海の環境そして命の水を守るために、民営化の流れをくい止める必要性を痛感しています。

1　浜松市の概要

　浜松市は 2005 年静岡県西部の 12 市町村合併により南北 73km、東西 52km、伊豆半島を上回る 1558km^2 もの広大な面積をもつ、人口約 80 万人の政令市です。北側は南アルプスにつながる広大な赤石山地、南は遠州灘、東には長野県諏訪湖から流れ下る水量豊かな清流の天竜川、西には浜名湖と水環境に恵まれた地域であり、気候温暖な住みやすい

行政人口 80 万 6407 人
排水人口 64 万 6216 人
人口普及率 80.1%
管きょ延長 3590km
大小さまざまな 11 の処理区
下水道職員数 109 人
※2017 年 4 月 1 日時点

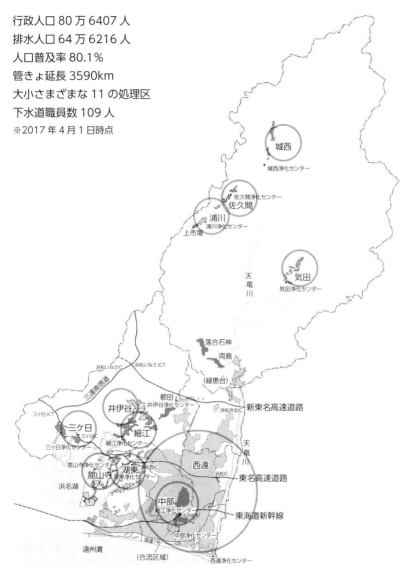

図表 3-1　浜松市水道事業の概要

資料　浜松市上下水道部「浜松市における下水道事業へのコンセッション方式導入について」2017
　　　年 8 月より作成。

地域といわれています。輸送用機械や光産業などの工業が盛んな一方、農業出荷額も全国的にも上位にランクされる都市でもあります。合併時には81万人を超えた人口も各地方都市と同様に、人口減少傾向となり現在は約80万人となっています。

2　浜松市下水道事業と静岡県西遠流域下水道

　浜松市の下水道事業は、1959年に市中心部から事業が着手され、1966年には主要幹線の整備とともに処理が開始されました。その後、市街地の全域へと拡大し、中部処理区とされました。一方で旧浜松市の周辺部と合併前の11市町では静岡県が西遠流域下水道事業として整備が進められ、1986年には西遠浄化センターが供用開始され、西遠処理区となりました。現在の下水道普及率は約80%ですが、広大な面積のため約3500kmにも及ぶ長い管路をもち、大小11の処理区をもっていますが、西遠処理区は全体処理水量の50%を占めています。西遠流域下水道事業区域は2005年の合併により全域が浜松市となり、合併特例法により2016年3月末に負担金付贈与をうけて静岡県から浜松市に移管されたものです。移管された施設のうち西遠浄化センターは移管後2年間、浜松市より民間事業者に包括委託をしていますが、2018年4月よりコンセッション方式に変えるものです。

3　西遠浄化センター、コンセッション化の経緯

　2011年　浜松市は持続可能な事業体制とさらなる効率化のため、新たな官民連携手法による事業運営が必要として研究・検討を始める。
　2015年に策定した「浜松市下水道ビジョン」において、「持続可能な下水道経営の推進」では民間活力の活用などによる効率的な施設運

営が必要として、静岡県より移管される予定の西遠浄化センターのコ
ンセッション化の方向を決め、導入のための準備を始める。

2016 年 2 月市議会　静岡県より西遠浄化センターについて負担金付
贈与を受けることを議決。

2017 年 3 月　優先交渉権者を決定し基本協定を締結。

2017 年 5 月市議会　下水道事業費負担金、20 年間で 275 億円を債務
負担行為として議決。

2017 年 9 月市議会　公共施設等運営権実施による運営権対価を受け
る補正予算を議決。運営権対価額は 20 年間で 25 億円。

2017 年 10 月　浜松市公共下水道終末処理場（西遠処理区）運営事
業の運営権実施契約の締結。2018 年 4 月より事業開始。

4　コンセッション化ここが問題
──2017 年 5 月議会での反対討論

　私は平成 29（2017）年度浜松市下水道事業会計補正予算（第 1 号）
について反対の討論を行いました。この補正予算は、平成 30（2018）
年 4 月 1 日からの公共下水道終末処理場・西遠処理区においてコンセ
ッション方式による事業化の開始に伴い、改築事業費負担金を債務負
担行為として追加するものとなっています。期間は平成 29 年度から平
成 50（2038）年度までの長期にわたり、限度額も 275 億 5349 万 1000
円と非常に多額となっています。民間資金等の活用による公共施設等
の促進に関する法律（PFI 法）に基づき、西遠浄化センターほか 2 施設
のコンセッション化にむけ、法第 11 条に規定する手続きを経て、2017
年 3 月に優先交渉権者が選定され、基本協定が結ばれました。2017 年
9 月議会に議決案が提案され、優先交渉権者が設立する特別目的会社
（SPC＝special purpose company）と実施契約を締結して、平成 30 年

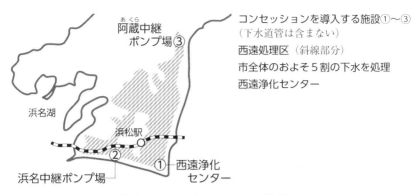

図表 3 − 2　西遠処理区及び対象施設

資料　浜松市役所上下水道部ウエブサイトより作成。

４月から日本で初めての事業が開始されました。

　このコンセッション事業を導入する目的として、事業の効率化すなわちコスト削減、民間活力を活かした適正な運営をあげていますが、その目的がはたして達成されるのか、多くの問題があり、拙速な実施は中止すべきです。

　第一の問題は、コンセッション化によって、事業の効率化が図られコスト削減ができるのかどうかです。競争原理によって、コスト削減が図られるとのことですが、今回事業者の応募がわずか２者であったことに示されているように、この事業の受入れ体制の成熟度はきわめて低く、競争性は発揮できておりません。また、コンセッション方式は一定期間ごとに事業者を選定するので、競争性が確保できるとされていますが、20年間の長期契約により、事実上の一者独占体制となり、いわゆる競争原理が働きにくく、その効果は期待できません。今回の債務負担行為は、設備更新の改築事業費の負担金ですが、電気や機械設備等の一括契約でスケールメリットを生かしてコスト削減を図るとしていますが、その効果も期待できません。

　いうまでもなく下水道の施設は、常時運転をしている設備であり、

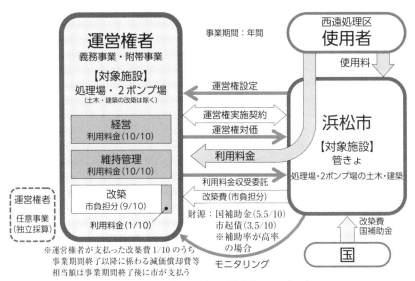

■運営権対価＝25億円（事業期間20年間）
■コスト削減効果＝VFM 86億5600万円
　　市が自ら実施する場合の予定事業費総額＝　600億4700万円
　　運営権者が実施した場合の予定事業費総額＝513億3900万円

図表3-3　西遠コンセッションスキーム全体図

資料　浜松市上下水道部「浜松市における下水道事業へのコンセッション方式導入について」2017
　　　年8月より作成。

その改築工事は、計画的に年度ごとに区分けして行われる業務で、ス
ケールメリット効果は不可能です。

　優先交渉権者の提案によれば、本事業の総事業費は513億9000万
円であり、うち設備改築費用は約300億円が想定され、事業費の60%
近くを占めている改築費のコスト削減は極めて困難となります。

　また、改築業務はSPCみずからが執行することが可能であり、20年
もの長期にわたり、競争原理は全く働かず、公益性、透明性にも問題
があります。

　第二の問題は、民間活力の導入によって、適正な運営が期待できる

かです。

SPC の義務事業のうち改築をのぞいた主要なものは、経営、運転、修繕業務であり、その事業費総額は約 214 億円が想定されています。民間活力の導入、創意工夫により効率化を図るとされていますが、下水道の処理事業は定型的な事業であり、コスト削減にはおのずから限界があります。

こうしたなかで、SPC は利益を追求せざるをえなく、人件費の削減、非正規労働者の多用、労働条件の悪化へと進むことになり、本事業の大きな目的である、技術継承課題も果たせないことになります。

さらに SPC とすれば、事業所税や法人税の納税も必要となり、経営を圧迫し、25 億円の運営権対価の支払いも困難が想定されます。

運営権対価の元は浜松市が SPC にわたす利用料金なのです。

下水道料金（下水使用料）は浜松市が水道料金と一体で徴収し、うち 27% を利用料金として運営権者に納め、この利用料金で運営権者は経営、維持管理、任意の各事業を行うこととされています。

いま、下水道処理量は人口減や節水努力によって減少傾向にあるため、必然的に利用料金額は減少し、下水道料金の引き上げ圧力が強まることとなります。

コンセッション方式の導入によって、浜松市及び運営業者双方にメリットがあると喧伝されていますが、それは期待できず、市民サービスの低下、料金の引き上げをまねくものです。コンセッション導入を前提とした債務負担行為には反対します。

5　国の目論見への対抗

国は、上下水道事業のコンセッション化にむけて集中強化期間を設け、推進のため強力なインセンティブが必要として内閣府主導の国庫

補助金である調査費をつけて、手をあげる自治体を募集しました。

　浜松市はこれに応募し、2017 年 2 月議会で上水道のコンセッション化のため、民間資金等活用事業調査費 1 億 3700 万円の補正予算が計上され、2018 年 3 月には調査結果がまとまりました。この補助金募集は、上水道単独では全国で浜松市と伊豆の国市の 2 都市のみでしたが、2 次募集も行われました。

　今後、上下水道事業のコンセッション化の方向が急速に強められそうです。全国的な情報交換・連携を強め、命の水を守る運動の強化が求められています。

6　西遠浄化センター・コンセッション事業開始

　2018 年 4 月より、上下水道部門では日本で初めてとされているコンセッション事業が開始されました。運営権会社は、フランス多国籍大企業であるヴェオリア社の日本法人を核とする特別目的会社の浜松ウォーターシンフォニーです。

　上下水道のコンセッション化は、本来地方自治体が責任をもって行うべき事業ですが、外国企業を含めて市場開放をし、企業の利益追求にさらすことに大きな問題があることを指摘してきました。

　問題の一つとして、契約書によると、20 年間の設備改築工事費が税抜き 250 億円とされていますが、その執行は運営権会社に委ねられています。しかし自らは建設業登録を持たないために外注となります。

　民間から民間の発注であるため公共発注の制約を受けないとして、入札もしないでヴェオリア社の子会社と随意工事契約を結んでしまいました。設備改築工事費の財源は、国庫補助金 55%、企業債 35%、運営権者 10% であり、ほとんどが公金です。こんなことが許されるのか大きな疑問があります。

長期にわたる一者独占体制の心配が現実のものとなってしまいましたが、このところに民営化の企業利益の源泉があると言わざるをえません。

7　浜松市長は上水道民営化の判断を先送り

2018年2月、コンセッション導入可能性調査結果が公表され、25年間のコンセッション化の方向が示されました。浄水場や配水管の設備改築工事を含めれば、VFM（Value For Money）は3〜4% が見こまれ、最も有効な問題解決方法とされ、導入の可否を18年度末までには決定するとしました。

この調査結果の公表を契機として、今までの議会内での議論から多くの市民の中で関心をよぶこととなりました。こうしたなかで18年6月には「水道民営化を考える市民ネットワーク」が結成され、市内各地での学習会や宣伝、署名行動等が活発に取り組まれ急速に「公営水道を存続させ・命の水を守ろう」の世論が高まってきました。

2019年4月は一斉地方選挙、市長・市会議員選挙が行われますが、水道民営化が重大争点となり、2018年11月、市長は世論の高まりのなかで「事業スキームが難しい、市民の理解が不十分」を理由として結論の先送りを表明しました。

2019年になって、1月13日には、「1・13命の水を守る全国のつどい・浜松」を開催し、全国から多くの方々の参加をえて大盛況でした。一層の運動の発展を図り、民営化を必ず断念させるために奮闘を誓います。

4

京都府

簡易水道と上水道の統合

長谷博司・衣川浩司

1　簡易水道事業とは

　水道法によると給水人口が5001人以上であるのが水道事業（ここでは「上水道事業」といいます）で、水道料金で賄う「独立採算」で経営します。これに比べ、簡易水道事業は、給水人口が101人以上5000人以下であり、経営規模が小さいため、一般会計の繰入や国庫補助、地方交付税措置などがあります。

　しかし、施設基準・水質基準などは、上水道事業も簡易水道事業も同じ水道法の適用を受けます。つまり、簡易水道事業は、「簡易な」水道事業ではなく、「小規模な」水道事業で「福祉的な」水道事業といえます。

　京都府内の簡易水道の事業数は、2006年度全国簡易水道統計によると、京都市から遠く離れた京都府北部の自治体では、舞鶴市で24、福知山市で24、綾部市で21、宮津市で17、京丹後市で34など多数あります。しかし、京都市の周辺部にある都市では、宇治市で1あるぐらいで、簡易水道はありません。つまり大都市部には、簡易水道はあま

種　別	内　容	事業数	現在給水人口
水　道　事　業 （水道法3条2）	一般の需要に応じて、水道により水を供給する事業（給水人口100人以下は除く）		
上　水　道　事　業 （水道法3条3）	給水人口が5,000人超の水道事業	1,381	1億2,000万人
簡易水道事業 （水道法3条3）	給水人口が5,000人以下の水道事業	5,629	404万人
小　計		7,010	1億2,404万人
水道用水供給事業 （水道法3条4）	水道事業者に対し水道用水を供給する事業	92	―
専　用　水　道 （水道法3条6）	寄宿舎、社宅等の自家用水道等で100人を超える居住者に給水するもの又は1日最大給水量が20m³を超えるもの	8,208	37万人
計		15,310	1億2,441万人

注：2015年度は、東日本大震災及び東京電力福島第一原子力発電所事故の影響で福島県の一部市
　　町村において下記の通り現在給水人口のデータが提出できなかった。
　　1．現在給水人口を計上できなかった市町村（給水区域が避難指示区域等及び災害により調
　　　　査不能であったため）
　　　　→双葉町、大熊町、富岡町、楢葉町、広野町
　　2．現在給水人口を0人で計上した市町村（給水区域の全域が避難指示区域であったため）
　　　　→浪江町、葛尾村、飯舘村
　　3．南相馬市
　　　　小高区→現在給水人口を0人で計上（給水区域の全域が避難指示区域であったため）
　　　　原町区→大部分が避難指示区域に該当せず、給水を実施していたため、現在給水人口を計上。

図表4-1　水道の種類（2015年3月31日現在）

資料：厚生労働省ウェブサイト資料「2015年度　水道の種類」より作成。

りありません。たとえば、東京都では、奥多摩で3、離島で12の15
事業です。大阪府では、能勢町で13、茨木市で6、箕面市で3など10
市町村で33事業です。

　また、市町村合併で地方では1市町村内の簡易水道事業が鳥取市で
78、松江市で28などと増大しています。

2　簡易水道事業の現状と統合への経緯

　簡易水道事業は、民家が散在し人口が比較的少ない農山漁村や中山

都道府県名	水道用水供給事業				上水道							簡易水道			専用水道	水道の合計
	県営	市町村営	組合営	計	県営	市営	町営	村営	組合営	私営	計	公営	その他	計		
北　海　道	0	0	5	5	0	33	58	0	4	0	95	251	1	252	521	873
青　　森	0	0	1	1	0	8	12	3	3	0	26	44	7	51	73	151
岩　　手	0	0	1	1	0	13	11	1	1	0	26	110	0	110	125	262
宮　　城	2	0	0	2	0	12	20	1	1	0	34	47	4	51	101	188
秋　　田	0	0	0	0	0	17	6	0	0	0	23	146	30	176	94	293
山　　形	4	0	0	4	0	12	14	0	2	0	28	60	9	69	55	156
福　　島	0	0	3	3	0	13	17	5	2	0	37	93	17	110	177	327
茨　　城	4	0	0	4	0	30	9	2	2	0	43	27	119	146	212	405
栃　　木	2	0	0	2	0	16	8	0	1	1	26	43	10	53	315	396
群　　馬	4	0	0	4	0	12	14	2	0	0	28	141	23	164	127	323
埼　　玉	1	0	0	1	0	35	19	0	4	0	58	17	3	20	324	403
千　　葉	0	0	6	6	1	29	8	0	5	0	43	3	0	3	894	946
東　　京	0	0	0	0	1	3	2	0	0	0	6	10	0	10	445	461
神　奈　川	0	0	1	1	2	8	10	0	0	0	20	13	4	17	501	539
新　　潟	0	1	2	3	0	26	4	2	0	0	32	237	19	256	61	352
富　　山	2	0	1	3	0	10	2	0	0	0	12	45	12	57	158	230
石　　川	1	0	0	1	0	11	8	0	0	0	19	59	64	123	93	236
福　　井	2	0	0	2	0	10	6	0	0	0	16	93	37	130	29	177
山　　梨	0	0	2	2	0	12	3	1	1	0	17	240	2	242	34	295
長　　野	1	0	3	4	1	29	18	10	1	6	65	166	56	222	63	354
岐　　阜	1	0	0	1	0	26	17	0	0	0	43	181	7	188	212	444
静　　岡	3	0	1	4	0	24	10	0	1	2	37	136	74	210	387	638
愛　　知	1	0	0	1	0	32	7	0	4	0	43	29	1	30	240	314
三　　重	2	0	0	2	0	14	12	0	0	0	26	76	0	76	162	266
滋　　賀	1	0	0	1	0	12	4	0	6	0	22	44	0	44	74	141
京　　都	1	0	0	1	0	16	8	0	0	0	24	181	0	181	143	349
大　　阪	0	0	2	2	0	33	9	1	0	0	43	5	0	5	392	442
兵　　庫	1	1	2	4	0	29	12	0	3	0	44	82	9	91	173	312
奈　　良	0	0	1	1	0	13	15	1	0	0	29	97	1	98	62	190
和　歌　山	0	2	0	2	0	11	14	0	0	0	25	111	0	111	22	160
鳥　　取	0	0	0	0	0	3	11	0	0	0	14	191	2	193	36	243
島　　根	2	0	0	2	0	11	2	0	0	0	13	149	2	151	32	198
岡　　山	0	0	4	4	0	15	8	0	0	0	23	123	1	124	64	215
広　　島	3	0	0	3	0	14	4	0	0	0	18	76	2	78	185	284
山　　口	0	0	1	1	0	14	0	0	1	0	15	106	0	106	72	194
徳　　島	0	0	0	0	0	8	11	0	0	0	19	107	11	118	52	189
香　　川	1	0	1	2	0	8	8	0	0	0	16	15	0	15	32	65
愛　　媛	0	0	2	2	0	23	7	0	0	0	30	144	1	145	147	324
高　　知	0	0	0	0	0	12	6	0	0	0	18	231	2	233	40	291
福　　岡	0	1	5	6	0	23	24	0	3	0	50	27	0	27	444	527
佐　　賀	0	0	0	0	0	9	6	0	2	0	17	20	35	55	76	150
長　　崎	0	0	0	0	0	28	5	0	0	0	33	218	10	228	150	411
熊　　本	0	0	1	1	0	15	10	1	2	0	28	182	41	223	239	491
大　　分	0	0	0	0	0	14	2	0	0	0	16	177	33	210	195	421
宮　　崎	0	0	0	0	0	10	10	0	1	0	21	134	16	150	44	215
鹿　児　島	0	0	0	0	0	23	12	0	0	0	35	201	44	245	105	385
沖　　縄	1	0	0	1	0	11	7	6	1	0	25	29	3	32	26	84
合　　計	41	5	46	92	5	790	489	36	52	9	1,381	4,917	712	5,629	8,208	15,310
2014 年 度	42	5	47	94	5	796	492	36	50	9	1,388	5,166	724	5,890	8,186	15,558

注：東日本大震災による被災地等の算出方法については、図表4-1の注を参照。

図表4-2　水道の種類別箇所数（2015年3月31日現在）

資料：厚生労働省ウェブサイト資料「2015 年度　水道の種類別箇所数」より作成。

間地域等に多く展開していて経営効率が高いといえません。だから、財政基盤が脆弱な簡易水道事業は、建設費などの国の補助金や地方交付税措置に伴う一般会計からの繰入に頼っているのが現状です。とくに限界集落を含む中山間地では深刻な問題となっています。

　こうした中で国は、簡易水道は、一般的に経営基盤が脆弱であるので、地域住民に対するサービス水準の向上等を図る観点から、事業の統合化・広域化を推進する必要があるとし、財務・技術基盤の強化を通じた効率的な経営体制の確立を目指しました。つまり、簡易水道に対する支援制度を維持しつつ、簡易水道の統合を重点的に促進するとしました。

　国による「1市町村1水道事業」の方針のもと、2007年度に国庫補助制度の見直しが行われ簡易水道事業の施設改良などの国庫補助が廃止されました。ただし、一自治体内のすべての簡易水道事業を上水道事業に統合する場合に限って2016年度までの10年間は補助が受けられるという内容です。つまり、2016年度末までに上水道事業へ統合する「簡易水道事業統合計画」を策定し、承認を得ることで2016年度末までの簡易水道等の整備は国庫補助の対象となりました。その後一定の条件を満たした場合は、簡易水道事業統合の期限が3年間延長されました。なお、「統合」とは経営を上水道事業会計に一本化することで、必ずしも管路で施設を統合することではありません。

3　福知山市での統合事例

　福知山市は、京都府の北西部に位置し、京都市・神戸市からは約60km、大阪市から約70kmの距離にあります。

　国道9号をはじめとする多くの国道や近畿自動車道敦賀線、JR山陰本線・福知山線および北近畿タンゴ鉄道宮福線などが通る北近畿の交

通の結節点となっており、交通の要衝として発展してきました。

　福知山市の簡易水道事業は、1953 年から給水を開始し、市街地周辺の地区を中心に 1979 年には 16 簡易水道の施設が完成しました。その後、小規模簡易水道を統合しながら、施設能力の増強を図り整備を行い、上水道区域に隣接している区域については、上水道へ統合を進めていきました。

　福知山市は、2006 年に三和町、大江町、夜久野町の 1 市 3 町による合併を行いました。旧 3 町では、昭和 20 年代後半から簡易水道が整備さえ、合計 33 の簡易水道が整備されました。合併を行った 2006 年当時は 10 の簡易水道と 1 つの飲料水供給施設へ統合していました。

　料金体系は、合併前の旧福知山市の簡易水道では、上水道区域との格差を小さくするため上水道と簡易水道の料金差を 1 か月の基本料金で 200 円程度に抑えていました。そのため簡易水道の供給単価は低く抑えられ一般会計からの繰り入れにより事業を運営してきました。旧 3 町においても、同様に一般会計からの繰り入れにより事業を運営していました。2016 年度においても簡易水道の給水原価は、350.33 円、供給単価 187.04 円と一般会計からの繰り入れにより市民に水道水を供給しています。

　また、合併当時は、基本料金で旧福知山市が 8m³ 1040 円と旧 3 町で 2140 円、同一市域での行政サービスの料金に大きな格差が生じていました。

　この格差は、合併後 10 年を経て、2017 年 4 月の福知山市全域を上水道に統合したことにより水道料金の格差はなくなりました。

　しかし、水道料金は今後の経年管路や経年施設の更新に必要な費用を捻出するため、2017 年 9 月から値上げを行い、合併 10 年で 300 円程度上昇したことになります。

　一つの市として水道料金が統一されることは平等な市民サービスと

……＝上水道区域
――＝簡易水道区域
■■■＝飲料水供給施設

与謝野町　宮津市

舞鶴市

綾部市

兵庫県

京丹波町

	水　道　名	施　設　名
1	福知山市上水道	堀浄水場、下荒川浄水場、戸田浄水場
2	北部簡易水道	仏谷浄水場、上佐々木第1浄水場、下天津上水道、上佐々木第2浄水場
3	川合簡易水道	岼浄水場、大原浄水場
4	細見簡易水道	芦渕浄水場、丸山浄水場、田ノ谷浄水場、寺尾草山浄水場
5	菟原簡易水道	菟原浄水場、轟浄水場
6	大身簡易水道	大身浄水場
7	加用飲料水供給施設	加用浄水場
8	上夜久野簡易水道	上町浄水場、副谷浄水場
9	中夜久野簡易水道	日置浄水場
10	額田簡易水道	今西中浄水場
11	畑簡易水道	今里浄水場
12	大江町中央簡易水道	金屋浄水場
13	大江町由良川右岸簡易水道	夏間浄水場

図表4-3　福知山市給水区域

資料：福知山市上下水道部「水道事業年報」2016年度より作成。

　して当然のことですが、水道という誰もが使うものの料金が上がるということは市民生活の負担が増加します。

　福知山市は、比較的大きな市街地の上水道とその周辺に点在する中山間地域の簡易水道の統合ということで、公営企業会計としての運営が成り立っていますが、小さな事業体では「命の水」を守るために一定の税金投入も必要なのではないでしょうか。

　福知山市は、2019年4月1日から京都府では初めて包括的民間委託を導入しました。

　54業務を5年間一括で委託するもので、包括的民間委託実施後も、「モニタリング」と言われる行政のチェック体制の中で安心安全な水道の供給が行われなければなりません。

　また、2019年10月には京都府水道事業広域的連携等推進協議会が設置され、京都府内3圏域ごとに幹事会による議論が行われています。この議論についても、注視していかなければなりません。

4　簡易水道事業の抱える問題点

　上水道事業は、結果的に「不採算な簡易水道事業」を受け入れることになります。つまり、簡易水道事業の統合問題は、統合先である「上水道事業の問題」であります。

　上水道事業としても、人口減少等に伴う給水収益の減少が続く中、施設の老朽化に伴う更新や耐震化などで必要な経費を確保しなければなりません。そのような「不採算な簡易水道事業」を上水道事業に統合するには多くの財政負担を強いられることになります。

　さらに、2017年度以降は国からの補助金や地方交付税措置はなくなります。また、一般会計は財政が厳しく、水道事業会計に繰入することはもっと困難となるでしょう。（今の簡易水道事業でも地方交付税措置がされているにも関わらず一般会計からの繰入を減らされている自治体もあります。）

　政令市や中核市など大規模な上水道事業では、少数の「不採算な簡易水道事業」を統合しても影響が少ないかもしれませんが、特に10万人以下の小規模な上水道事業では、多数の「不採算な簡易水道事業」を統合すると、結果的に経営状況が悪化し上水道料金の値上げに直結

し、住民生活を直撃することになります。

　このように、簡易水道事業の上水道事業への統合で、ますます地方での生活が厳しくなります。

　簡易水道事業を統合した上水道事業は、旧簡易水道で行う改良事業を国庫補助や過疎対策事業債の対象とするなどが必要です。

　経営面以外にも水道施設、管路の老朽化による維持管理や水道技術の継承は大きな課題です。福知山市は平成18（2006）年1月の平成の大合併により京都市に次ぐ行政区域面積（552.57km^2）となりました。この広範囲な面積のなかで点在する水道施設や1000kmを超える水道管路の更新や維持管理が大きな課題となっています。

　水道技術は、職員人材育成計画によりマニュアルの作成や技術研修の参加を促進していますが、長年培ってきた現場での経験が重要になります。また、水道施設や管路を監督するには水道法、福知山市給水条例で明記されているように実務経験が必要となっています。市長部局との人事異動や新規採用職員の配置などにより一定レベルの技術者の確保が難しくなっています。

　福知山市のように上水道の給水人口が約6万6000人、簡易水道の給水人口が約1万3000人といった大きな上水道事業と小さな簡易水道の統合は、市民への負担も多くならずにすむ場合もあります。

　しかし、上水道事業と簡易水道事業の規模が同程度であったり、もともと上水道事業がなく、簡易水道の統合により上水道事業を運営することになった自治体では、経営面で大きな差が出ています。

　京丹後市では、2015年度末の上水道事業の給水人口が約3万人に対し簡易水道事業の給水人口は約2万3000人と大きな差はありません。もともと厳しい経営状況だった上水道事業が簡易水道事業との統合によりさらに厳しい運営を余儀なくされています。

　京丹波町では、上水道事業の運営がないなか、簡易水道事業の統合

により上水道事業の運営が 2017 年から始まりました。

　もともと経営基盤の弱い簡易水道事業が統合されたということで、今後 10 年で 40 億円以上の他会計からの補助で補うことが、京丹波町水道事業経営戦略の投資財政計画に示されています。

　規模の小さな水道事業は、非常に厳しい状況におかれています。

　水道事業とは、地方公営企業という面も当然ありますが、高齢化の進む過疎地域での高額な水道料金は、高齢者にとって大きな負担です。

　「多くの知識を持ったベテラン職員も少なくなったが、そうしたなかでも、水道は供給し続けなければならない」と話す水道課長の話が印象的です。

　簡易水道事業のそもそもの役割は、水道未普及地域の解消、国民皆水道を目指す役割を担っていました。地域の「美味しい水」を使い地域住民がつくったのが水道の始まりです。その地域の水道が、簡易水道事業に発展してきました。その役割は終わったのでしょうか。地域によって状況が違いますが、何よりも住民に現状を知らせ、一緒に考えることが大事です。

5

奈良県

奈良市中山間地域の上下水道のコンセッション計画

井上昌弘

　奈良市は人口 36 万余りの中核市で県都でもあります。2016 年 3 月の市議会定例会に人口 1 万 3000 人余りの市東部の中山間地域だけを対象にした官民連携会社をつくり、この新会社に上下水道の運営と施設更新をゆだねるための条例案が提出されました。議会や住民にとっても寝耳に水のような話であり、議案は否決されました。しかし否決後、企業局内には「官民連携推進課」が設置され、水道法改正も視野に入れた準備が進められています。市の企業局は上下水道一体のコンセッション方式は日本で最初の事例であると位置づけ、同時に採算の取れていない地域だけを切り出して民営化しようとしていることから、奈良市のコンセッション方式に注目が集まり、国会でも再三にわたって取り上げられています。

1　市町村合併後の奈良市の上下水道

　剣豪の里として知られる柳生など、奈良市東部の中山間地域は奈良市の面積の半分を占め、18 か所の簡易水道と水道未普及地域が残されていました。これらの地域で給水要望が起こり、また同地域での下

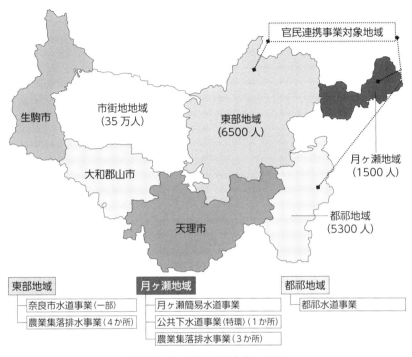

図表 5 - 1　官民連携事業の概要

資料：奈良市企業局「奈良市小規模上下水道施設における官民連携事業の取り組みについて」資
　　　料、国土交通省ウェブサイトより作成。

水道整備事業に対応するため、上水道未普及地域の解消が急務でした。
このため 1991 年に給水区域をこの東部地域を含めた奈良市全域に拡張
し、計画給水人口 40 万人とする第 6 期拡張事業の認可を得て事業に着
手、2003 年 3 月にはすべての事業が完成して市民皆水道が実現しまし
た。

　2005 年 4 月に月ヶ瀬・都祁両村は奈良市と合併し、2013 年には月
ヶ瀬と都祁の簡易水道事業に地方公営企業法を適用し、同時に奈良市
水道局に移管となりました。翌 2014 年には水道事業と下水道事業が
統合されたことに伴い、名称も奈良市水道局から奈良市企業局と改め

られました。今回、奈良市がコンセッションの計画地域としているのは、奈良市の東部地域、月ケ瀬地域、都祁地域の３つの中山間地域です（以下東部３地域という）。

2　上下水道コンセッション計画の概要

⑴　東部３地域の置かれている状況

　2005年２村との合併時、奈良市の人口は37万3000人でしたが、2017年４月には36万人にまで減少しています。このうち東部３地域の人口は１万3000人余りで奈良市全体からみれば3.6％にあたる地域ですが、市街地以上に人口減少のスピードは速い。この地域について企業局は2040年には2010年比で人口が半減するとの見通しを立てています。

　管路1kmあたりの人口は市街地では224人ですが、東部22人、都祁40人、月ケ瀬33人と極端に少なく、それと連動して給水原価も市街地146円であるのに対し、計画地では472円〜635円の状況です（2014年度決算　企業局説明資料より）。

　市街地よりもさらに広い地域に施設が分散しており、企業局から最も遠い月ケ瀬には車で１時間かかります。広範囲に分散した施設が老朽化し、それに伴う施設更新と維持管理の負担も大きい。人員面でも限られた人数で維持管理しているため、職員の負担は相当なものです。旧月ケ瀬村にいた、ある職員は眠るときも携帯電話を枕元に置き、10年以上も家族旅行もままならない勤務で業務を支えてきました。

⑵　東部３地域の上下水道の経営状況

　東部３地域の上下水道の料金収入は年間で2.9億円、一般会計繰入の基準内4.8億円、基準外1.7億円合わせて9.4億円の収入です。一方

支出を見てみると、運転管理費 4.9 億円、起債元利償還費 8.8 億円、合わせて 13.7 億円となっています（2014 年度決算より）。料金収入は運転管理費よりも 2 億円少なく、一般会計からの繰入金頼みの経営状況です。また、2013 年からの 3 年間で東部 3 地域の施設更新投資はわずか 780 万円です。

　企業局は説明資料の中で「今後、老朽化による故障などの増加により施設の維持管理が困難。このままだといずれは料金を上げざるを得ず、現在の料金水準を保つためコンセッション方式を導入し、さらなる経営効率化を進める」と料金値上げをちらつかせて民営化を迫っています。

　しかし過疎と人口減少をかかえ、奈良市の面積の半分以上を占める広大な地域に管路を張り巡らせていることから、ここだけを切り出した経営状況をみれば厳しいのは当たり前です。

⑶　コンセッション計画の内容

　前述の赤字状況を踏まえ、企業局はコンセッションの目的を「こうした状況を抜本的に改善すべく官民共同出資の新株式会社を設立し、民間活力を導入することとします」と述べ、人為的に切り出した不採算地域の赤字解消であることをあけすけにしています。しかし 3 億円に満たない料金収入しかなく、一般会計からの補助をつぎ込んでも、毎年多額の赤字となっている事業がそう簡単に改善できる構造でないことは容易に想像がつきます。80 億円を超える奈良市企業局全体の収入の中でカバーすべき問題だと考えます。

　企業局が PFI 法（Private Finance Initiative、民間資金等の活用による公共施設等の整備等の促進に関する法律）に基づく運営権譲渡（コンセッション）方式導入で強調している内容は概ね次の点です（2016 年 2 月に議会に示した資料より）。

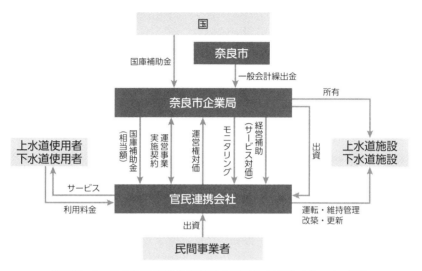

図表 5－2　公共施設等運営権制度を活用した事業スキーム（案）

資料：奈良市企業局「奈良市小規模上下水道施設における官民連携事業の取組」2017 年 2 月資料、
　　国土交通省ウエブサイトより作成。

①資産は企業局が保有し続けながら、経営は民間に任せる。

②施設更新のための投資も新会社の責任となる。契約期間を通じて
　民間調達により施設更新投資を行う。

③奈良市も出資することにより、新会社をコントロールできる。

④料金を奈良市と同水準にして、コンセッション方式により上下水
　道事業を経営する。

⑤会社運営は、民間の経営手法を導入。奈良市は、料金規制の観点
　から限定的に関与。過去の借金の返済に責任を持つなど一定の経
　営補助を行う。

⑥空き家対策、高齢者対策等の副業なども行い、地域振興にも貢献
　する。

　資産はこれまで通り奈良市が保有する、料金も上げない、奈良市も
出資するからコントロールできるなど公的責任を強調しながら、空き

家対策等副業による収入増、複数年契約などの発注方法の工夫、民間会社の資材調達のスケールメリットなどによるコスト削減で収支改善するとしています。しかしいまだにその具体的内容は示されていません。

3　民営化の背景にあるもの

(1)　水余りを生み出した過剰投資

　奈良市はこれまで10年単位の総合計画を4次にわたって作ってきましたが、人口減少を前提とした総合計画は現在実施中の第4次総合計画だけで、2010年を期限とする第3次総合計画までは一貫して40万人を目指す計画を立ててきました。しかし、この目標は一度も達成されたことがありません。この最上位計画の人口目標に引きずられる形でさまざまな設備投資が行われてきました。水道事業においても例外ではなく設備は過剰となっているのです。

　これまで奈良市は6期に及ぶ拡張事業により水利権を1日約25万m³確保しました。しかし2016年度の1日平均給水量は11万8000m³、1日最大給水量は13万4000m³に過ぎず、年々減少傾向です。5期までですでに1日最大給水量15万m³を確保していたことからみても、1日最大給水量の2倍近い水利権を確保する必要が果たしてあったのかが問われます。水源余裕率78.9％、浄水予備力確保率40.9％、年間ポンプ平均稼働率19.4％となっています。もともと83億円程度の収入の中で毎年27億円もの布目・比奈知ダム割賦負担金を2014年まで返済しなくてはならない過大な設備投資を行ったことに対する反省はみられません。

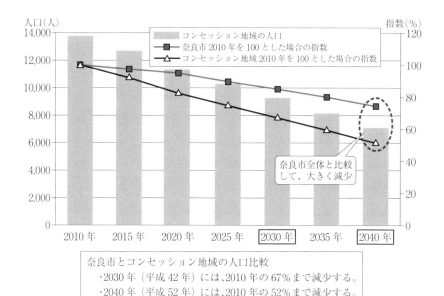

図表5-3　コンセッション地域の人口予測

資料：奈良市企業局「奈良市東部、都祁、月ヶ瀬地域の上下水道の経営効率化について」2016年
　　　2月より作成。

(2)　東部地域開発の失敗

　奈良市東部地域においてはかつて積水化学工業㈱の工場の移転や中国文化村構想が打ち上げられましたが、いずれも計画倒れになりました。ところが水道施設はこれらの計画に合わせて敷設されたのです。その結果、人口の割には不釣り合いな大きな管路となり、企業局の説明によると今も水質維持のために給水量の３割もの浄水が捨てられているとのことです。また想定人口も8600人としており、実際よりも過大でした。奈良市全体でも前述のように設備過剰であった上、東部地域ではそれに輪をかけるような開発の失敗が加わり、赤字の原因となっています。住民に責任がないことは言うまでもなく、そのつけを住民に負わせることはできません。

		供給単価 （円） （使用料単価）	給水原価 （円） （処理原価）	浄水場 （処理場）	施設利用率 （％）	管路延長 （km）	管路1km当 たりの人口 （人）
水道	市街地	180.96	146.68	2	50.8	1,557	224.7
	東　部		635.02	市街地の緑ヶ 丘浄水場から 供給	28.6	231	21.7
	都　祁		493.76	2	63.5	148	39.8
	月ヶ瀬		472.61	4	43.0	46	32.9
下水道	東部・ 月ヶ瀬	108.00	393.65	7	39.9	139	24.4
	市街地		99.29	4	42.1 ※流域除く	1,227	291.9

> 市街地に比べ、コンセッション地域（東部・都祁・月ヶ瀬）は、管路1km当たりの人口が少ないことから、給水原価（処理原価）が高くなり、非効率となっている。

図表5-4　コンセッション地域の状況

資料：同前。

(3)　民営化ありきの体制

　奈良市は現在3期目となる仲川元庸市長のもとで、定員適正化計画を上回る正規職員の削減、雇用の非正規化、業務の民間委託を進めてきました。市長は2村との合併時よりも職員を1000人減らしたことを2期目までの実績として宣伝しています。市民課などの窓口業務の民間委託、ごみ収集も現在4割が民間委託で、これを近い将来には7割にまで増やす計画です。

　また公共施設の建設も民間丸投げ方式で行おうとしています。現在3年後の完成を目指して新火葬場の計画が進んでいますが、施設の設計、施工、維持管理・運営を一括して民間の企業グループに発注するDBO（Design Build Operate、設計・建設と運営・維持管理を民間事

業者に一括発注）方式を採用しました。

　窓口業務、ごみ収集、新火葬場建設など多くの分野での民営化の一環として水道の民営化も位置づけられています。現市長の外部人材登用としてヴェオリア・ウォーター・ジャパンの自治体営業担当理事を奈良市企業局長に招へいし、民営化の推進を図っています。

4　住民の声を背景に議会で民営化条例案を否決

⑴　議会の論戦

　奈良市企業局は 2016 年 3 月定例会に「小規模上下水道の公共施設等運営権に係る実施方針に関する条例」を提案してきました。議長を除く 38 人のうち、反対 25、賛成 13 となり条例案は否決されました。主要 5 会派のうち 3 会派が反対したのです。民営化を是とする会派でも唐突な提案であることや中山間地域の住民の理解が得られていないことを理由に反対に回りました。私はこの提案に対して次のような点を指摘しました。

　　①総合計画にも水道事業の中長期計画にもなく、議会にも市民にも突然の提案である。しかも基本方針ではなく、いきなり実施方針策定の条例案とはあまりにも拙速である。

　　②収支見通しについても施策をつみあげたものではなく、新会社に毎年 17％ 前後の経費カットを期待しているに過ぎず、根拠がない。

　　③不採算地域でありながら民間企業が関心を持つのは奈良市企業局が持つ上下水道のトータルなノウハウを得ることが目的であり、水をビジネスと捉える企業に事業展開のフィールドを提供するのが狙いなのではではないか。

　　④命の水の供給はあくまで公営企業が担うべきである。

　これまで企業局はコンセッション導入にかかわる説明文書を2度に
わたって書き換えてきていますが、2016年の3月定例会の直前に出し
てきた最初の文書にメリット・デメリットが示されています。本音が
出ていて興味深いものです。

　メリットとして挙げているのは次の4つです（原文のまま）。

①施設の更新投資は民間調達では、公共調達よりも効率的な投資が
　期待できる。

②地域の実情に合った多様なサービスが可能になることが期待でき
　る。

③従業員の採用、給与等が、役所時代よりも柔軟に決められ、多様
　な人材が雇用でき、経営改善が進むことが期待できる。

④上下水道だけではなく、経営改善のための副業もかなり自由にな
　り、公営企業ではできなかった地域ビジネスの展開が可能になる
　こと。

　逆にデメリットとして挙げているのは次の3つです。

①人口減少による需要減少リスク（料金収入が想定より少なかった
　場合は、経営補助が長く続く恐れがある）。

②災害時におけるリスク（災害時に、県や周辺の市町村からの十分
　な応援人員が派遣されない可能性がある）。

③放漫経営のリスク（役所自らが経営しているわけではないので、
　経営状況の監視をしっかりとする必要がある）。

　特に「災害時のリスク」、「放漫経営のリスク」は議会や住民に懸念
を与える材料となり、否決に傾くきっかけとなりました。

⑵　改定水道法成立後のコンセッションの状況

　奈良市企業局はこれまで水道法の改正後に条例提案すると説明して
きましたが、少なくとも向う2年半は、これがむずかしくなってきま

した。企業局は 2018 年 10 月から 2 年半、5 億 6500 万円で神鋼環境ソリューションを代表とする 6 社の企業体に、コンセッション地域を対象に包括的業務委託契約を結びました。企業局はこの期間を通じてコンセッションを担うことが可能かどうか、検討するといっています。

⑶　水道民営化と県域水道一体化

　奈良県は「奈良モデル」の一環として県内の水道の広域化を図ろうとしています。2024 年度に 28 市町による企業団設立、翌年事業統合を目指すとしています。

　県の説明では広域化と民営化の関係について「当面、民営化は検討しない」としています。この企業団には企業団議会も設けられ政策判断はここに委ねられることから、民営化の是非についてはこの企業団で扱われることになります。従って民営化は「しない」のではなく、企業団で判断する事柄だという認識を持つ必要があります。

　奈良県ではすでに後期高齢者医療制度や消防で広域化され、議会が設けられています。また全国で最初に県全部の水道を広域化した香川県の企業団議会でも年 2 回程度、それぞれ 1 時間程度の審議で終わっており、住民の声の届かない審議で、一気に民営化が推進される危険があります。

⑷　住民の意見

　私たち議員団としてこの事態を知らせるため「議会報告ニュース」を配布するとともに対象となった地域の住民の皆さんと 2017 年 3 月に 3 か所で懇談の場を持ち、意見や要望を聞きました。以下に少し紹介します。

　「東部地域は奈良市清掃工場の移転候補地にもなっている。その上、水道まで民営化しようとするのか。弱いものを切り捨てるのか」

「奈良市のダムはすべてこの東部地域にある。建設にも協力してきた。このダムのおかげでかつての水不足が解消された。その値打ちが分かってもらえないのか」

「民営化ではいずれ料金が上がっていくのは目に見えている」

「なぜ奈良市全体を民営化の対象としないのか。なぜこの地域だけを切り離すのか」

東部地域ではバス路線の廃止縮小、幼稚園・保育園・小学校・中学校の統廃合が急速に進み、人口減少に歯止めがかからない状態が続いています。例えば都祁地域では、最寄り駅のタクシー会社に配車を求めても採算があわないからと断わられたり、6つあった保育園も1園に統廃合されたとのことです。

東部地域は市街地の水がめであり、水源涵養地でもあります。住民はこれまでダム建設や里山の保全で協力してきました。今度は赤字だからと切り捨てられるのは到底納得できないと口々に言います。

いずれにしても不採算地域だけを切りはなして新会社に運営させるという手法が全国に波及したら、地方の生活権が脅かされかねず、なんとしても食い止めなければなりません。

6

埼玉県

秩父郡小鹿野町民の水源・浄水場を守る運動

水村健治

1　秩父郡市の河川と水源

　秩父地域は埼玉県の西部に属し、広大な森林があり県面積の4分の1を占めています。また、自治体は1市4町があり、人口10万1000人が暮らしています。

　域内には、荒川と赤平川が流れています。両河川は、400〜1700mの稜線で区切られ流域を異にしています。

　水源として荒川水系を利用している自治体は、秩父市、横瀬町、皆野町・長瀞町であり、赤平川を利用している自治体は小鹿野町です。

　水質を考えると、荒川の別所浄水場上流には、産業廃棄物処理場、し尿処理場があり、鉱山廃液流出の懸念もあります。また、浦山ダム、二瀬ダム、滝沢ダムがあります。一方、赤平川小鹿野浄水場上流にはダムはなく、両神山、二子山、毘沙門山等から流れ出る沢の水が自然に流下しています。小鹿野町は、名水の町と呼ばれています。

　2015年度自治体別　水道水供給単価は1m^{3}当たり次のとおりです。

　　小鹿野町　　144円　　　　　横瀬町　　　　173円

図表6-1　秩父地域水道事業の位置図

資料：秩父市「秩父地域水道事業広域化基本構想（ビジョン）」2015年3月より作成。

秩父市　　　　180円　　　　　　　　皆野・長瀞町　218円

＊皆野・長瀞町は、原水が足りず秩父市から浄水を一部購入しています。

2　水道事業の統合の経過――住民不在で進められた広域化計画

⑴　ちちぶ定住自立圏と水道事業の運営の見直し

　秩父郡市において水道広域化問題が顕在化してきたのは、2008年10月に定住自立圏構想の先行実施団体に秩父市が選定されたことに始まります。2009年3月、秩父市は中心市宣言を実施、以後、秩父市と横瀬町、皆野町、長瀞町、小鹿野町がそれぞれ個別に協定を結ぶことになります。最初の協定は、2009年9月に締結され「ちちぶ定住自立圏共生ビジョン」として発表されました。その1項目に「秩父圏域にお

水道事業体名	①行政区域内人口 （人）	②給水人口 （人）	③給水区域面積 （km²）	④人口密度②/③ （人/km²）
秩父地域	106,273	104,311	156.41	666.9
秩父市	66,485	66,313	82.26	806.1
横瀬町	8,636	8,506	8.71	976.6
小鹿野町	12,926	12,628	45.28	278.9
皆野・長瀞	18,226	16,864	20.16	836.5

図表6-2　秩父地域の給水人口等

資料：同前（2014年4月1日現在調べ）。

ける水道事業の運営の見直し」が挙げられました。この協定は、秩父市と横瀬町、皆野町、長瀞町で締結され、小鹿野町は参加しませんでした。

　この協定に小鹿野町が参加するのは、他の自治体に2年遅れた2011年9月でした。

⑵　「ちちぶ定住自立圏推進委員会」と「秩父地域水道広域化委員会」

　小鹿野町が「ちちぶ定住自立圏共生ビジョン」に参加したことにより水道広域化の動きは加速します。「ちちぶ定住自立圏推進委員会」は、1市4町の首長、議長、埼玉県秩父地域振興センター所長で構成され、その下に市町の部課長級職員、埼玉県課長級職員による「秩父地域水道広域化委員会」が設置されます。「ちちぶ定住自立圏推進委員会」と「秩父地域水道広域化委員会」には議会によるチェック機能はなく、住民から見えない形で水道広域化の計画が作られていくことになります。

　さらに、2014年4月1日、各自治体水道関係職員7名からなる「秩父地域水道広域化準備室」が設置され動きを強めていきます。

⑶　「広域化基本構想（ビジョン）」・「基本計画策定」に深くかかわる厚生労働省・水道ゼネコン・日本水道協会

　秩父地域水道広域化をめぐってはそれまでも厚生労働省とのかかわりが指摘されてきました。秩父地域水道広域化準備室が設置後直ちに行ったことは、厚生労働省健康局水道課水道計画指導室への「訪問ご挨拶」でした。以後、厚労省の「簡易支援ツールを利用した水道事業の広域化の算定」が行われました。

　一方では、「秩父圏域水道事業広域化基本構想（ビジョン）」・「基本計画」策定が行われました。この策定業務は、2014年5月23日、株式会社日水コン埼玉事務所と随意契約、契約期間2014年5月23日～2015年2月10日、契約金額1252万8000円で行われました。

　また、秩父地域水道広域化が秩父郡市民の要望であるかの如く装うため「秩父地域水道事業広域化基本構想（ビジョン）策定審議会」が設置されました。審議会は、審議委員22名（うち公募委員5名、学識経験者2名）で審議されました。委員のうち学識経験者枠2名については、日本水道協会から職員が派遣され審議会を主導しました。

　以上のような状況の中で、住民の声はほとんど問われることもなく広域化ありきの計画が進められていきました。

3　広域化準備室の主張するメリットと無理な配水計画

　広域化準備室は水道広域化計画・必要性を説明する会を2014年秋から各自治体議会で実施し、2015年1月～2月には住民説明会を行いました。

⑴　広域化準備室の主張する広域化の必要性

　広域化準備室は広域化の必要性として次の点をあげました。

浄水場施設能力別
● 10,000m³/日以上
○ 3,000m³/日以上
● 1,000m³/日以上
・ 1,000m³/日未満

＊施設能力については図表 6 - 4
　を参照。

半納浄水場
中郷浄水場
塚越浄水場
女形浄水場
倉尾浄水場
河原沢浄水場
廃止：三山浄水場
299
廃止：小
小鹿野町
中双里飲料水供給施設
竹平浄水場
廃止：浦島浄水場
中津川浄水場
煤川浄水場
新秩父
廃止：大指飲料水供給施設
落合浄水場
栃本浄水場
三峰浄水場
140
大血川浄水場
秩父市

主な整備ルート
①横瀬町方面の配水
②小鹿野町方面への配水
③皆野町・長瀞町方面の配水
④三沢地区への配水

施設・管路
▲　新配水池
──　耐震基幹管路（A・Bルート）
〜〜〜　主な整備ルート
- - -　将来計画

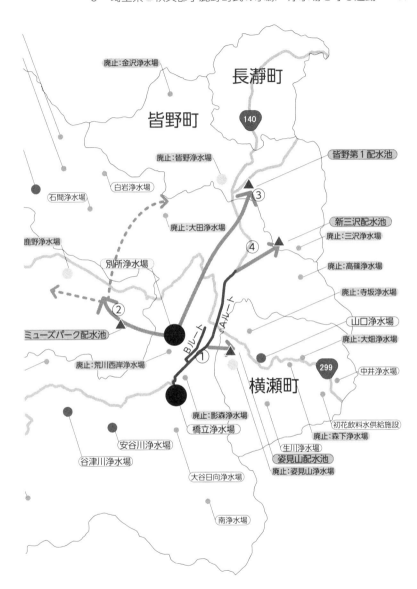

図表6-3　秩父地域の水道施設整備計画

資料：同前。

・施設設備の老朽化による更新費用の増大

・給水人口の減少による収益の悪化

・水道関係職員の高齢化により退職者増、技術の継承が困難

(2)　広域化準備室の主張する広域化のメリット

広域化準備室は次のような広域化のメリットも主張しました。

・単独水道事業の場合 50 年間の施設更新費用は 1036 億円、広域化した場合、取水施設 15 か所、浄水場 15 か所を廃止、その結果、更新費用 119 億円が削減され 917 億円で可能。

・水道関係職員の削減＝現在 50 人、統合後 33 人、17 人減で人件費削減が可能。

・国庫補助金による効果として、広域化促進補助金（国庫補助金）活用により、10 年間の更新工事費 333 億円のうち補助率 3 分の 1 で 111 億円が国庫補助金として支給される。

・結果として水道水供給単価の値上げ抑制。

(3)　流域を無視した無理な施設整備計画

広域化に伴う施設整備計画は、流域を無視し、十分に使える浄水場を廃止し、代わりに山の上に新たに配水施設を建設し、他の流域である荒川の水をポンプで山の上まで汲み上げて、反対側である小鹿野町、秩父市吉田地区へ配水するというもので、地域の実情に合わず、経費も要するものでした。

秩父市別所浄水場、橋立浄水場の 2 浄水場を拠点施設とする

・別所浄水場から皆野・長瀞町へ配水することにより皆野浄水場を廃止。

・別所浄水場から長尾根丘陵に揚水し、その頂上部に新秩父ミューズパーク配水池を建設し、小鹿野町へ配水することにより小鹿野

水道事業体名	浄　水　場　名	施設能力（m³/日）
秩父市	別所浄水場	20,000
	橋立浄水場	18,000
	塚越浄水場	2,588
	安谷川浄水場	2,460
	谷津川浄水場	1,752
	影森浄水場	865
	荒川西岸浄水場	750
	栃本浄水場	577
	大田浄水場	480
	高篠浄水場	460
	石間浄水場	400
	落合浄水場	249
	大血川浄水場	185
	中津川浄水場	90
	三峰浄水場	88
	半納浄水場	81
	南浄水場	63
	白岩浄水場	47
	女形浄水場	46
	大谷日向浄水場	41
	中郷浄水場	29
	中双里飲料水供給施設	10
	大指飲料水供給施設	10
横瀬町	姿見山浄水場	8,000
	山口浄水場	1,760
	寺坂浄水場	462
	生川浄水場	450
	森下浄水場	144
	大畑浄水場	24
	中井浄水場	26
	初花飲料水供給施設*	9
小鹿野町	小鹿野浄水場	5,500
	竹平浄水場	743
	浦島浄水場	443
	三山浄水場	337
	倉尾浄水場	272
	河原沢浄水場	180
	煤川浄水場	30
皆野・長瀞	皆野浄水場	3,913
	三沢浄水場	270
	金沢浄水場	56
計	41 か所	71,890

図表6-4　秩父地域における浄水場

原注：初花飲料水供給施設は、2015 年度に横瀬町水道事業に統合。
注：網かけの浄水場は廃止予定。全 14 浄水場。
資料：同前。

浄水場を廃止。

・橋立浄水場から横瀬町へ配水することにより姿見山浄水場と寺坂
浄水場を廃止、さらに皆野町、三沢地区へ配水することにより三
沢浄水場を廃止。

という計画です。

4　小鹿野町であがった住民の批判

⑴　小鹿野町民に対する説明会

　小鹿野町民に対する広域化準備室の説明会は 2015 年 2 月 18 日に実
施されました。説明会には約 60 名が参加、準備室の説明に対して 10
名以上が質問・意見をのべました。発言内容は疑問、不安、反対の声
がほとんどでした。

　広域化準備室には、住民の声に耳を傾ける姿勢はなく、「基本計画
案」押し付けに終始し、まだ質問したい町民がいましたが時間が来て
打ち切られたかたちでした。町民に対する説明会はこの 1 回のみで、そ
の後、説明が行われることはありませんでした。

⑵　小鹿野町議会の全員協議会

　小鹿野町議会議員に対しては、議会全員協議で数度の説明がなされ
ましたが、2015 年 3 月 19 日開催の議会全員協議会でも、「さらに詳し
い説明が必要」「メリット、デメリットを一目瞭然に説明した資料が欲
しい」「さらに議会全員協議会での論議が必要」などの意見が出されま
した。この時点で賛成を表明した議員は 1 名のみでした。

　この間に開催された 9 月、12 月、3 月定例議会においても広域統合
を心配する議員や反対する議員から問題点を指摘する質問がおこなわ
れました。しかし、水道広域化計画を進めているのは、「ちちぶ定住自

立圏」であり、自治体の声は届きにくい構造で地方自治破壊の一形態であることが明らかになりました。

5　水源・浄水場を守る住民の運動

(1)　「小鹿野町水道問題を考える会」の結成

　事態を心配した小鹿野町民の有志が 2015 年 2 月、「小鹿野町水道問題を考える会」を結成、町民に対して水道広域化の問題点を調べ、住民に知らせる活動を開始しました。

　同年 2 月 16 日「広域化問題を考える会」を開催、町民の思いを出し合いました。

　小鹿野町民から次のような声が寄せられました。

・小鹿野町にはおいしい水と安定水利権があるのになぜ秩父市から長尾根を越えて水道を持ってこなければならないのか。
・別所浄水場の水はまずいという人がいて心配。
・別所浄水場取水口上流には産廃水が流れ出ている、今でも付近には硫黄のにおいがしている。さらに上流には、し尿処理場、鉱山廃液もある。
・小鹿野町は名水の町として有名、よそから水を持ってくるのはおかしい。
・今まで、町の水道課は小鹿野町の水道経営は秩父郡市の中で一番健全経営と説明してきたのに、広域化の話が出たら、いきなり危機的だなどというのは変だ。
・小鹿野町が広域統合に参加しなければ、2016 年には水道料金が 1m^3 当たり 317 円になる、2020 年には 476 円になるという準備室の試算は町民に対する脅かしだ。
・水道問題は命の問題、子孫にまで影響あるのになぜ急ぐのか。

・広域化されれば、水道に対する町民の声や願いは届かなくなるのが心配。

(2)　宣伝・学習行動

「水道問題を考える会」では、ニュースを発行し、宣伝につとめ、学習会も開催しました。

・水道問題を考える会ニュースの発行。
・宣伝カーによる町内への問題提起宣伝活動。
・水道問題を考える会集会＝2015年2月〜3月に4回開催。

(3)　議員への要請活動

「水道問題を考える会」は、小鹿野町議会議員に対して、次のような要請活動を行いました。

・住民は水道統合の内容を知らないので地区別説明会開催要請。
・水道統合は水道料金の大幅値上げにつながるのでやめること。
・町長に対し「水道統合覚書」に調印しないよう働きかけること。

(4)　町長に対する要請

「水道問題を考える会」は、小鹿野町長に対しても、次のような要請を行いました。

・2015年3月30日に行われる「水道事業統合に関する覚書」調印式において、小鹿野町長として調印しないこと。

6　秩父地域水道事業の統合──秩父広域市町村圏組合の事務に

(1)　小鹿野町長「秩父地域水道事業の統合に関する覚書」に調印

小鹿野町長の福島弘文氏は、町民の統合反対の声を無視し、水道事

業統合に対する態度を町民にも議会にも明らかにしないまま、2015年3月30日、「秩父地域水道事業の統合に関する覚書」に署名、調印しました。

　この「秩父地域水道事業の統合に関する覚書」の主な内容は次の点です。

・秩父市、横瀬町、皆野町長瀞町組合、小鹿野町の4水道事業を統合し、秩父広域市町村圏組合の一事務とする。

・統合期日＝2016年4月1日とする。

・事務所は、別所浄水場に置く、施設管理の業務委託、事務所の統廃合を行う。

・統合時の水道料金は、秩父市の水道料金体系とする。秩父市料金に満たない場合差額分を一般会計からの繰り入れにより補てん、統一料金は5年以内に定める。

・4水道事業の資産等、秩父広域市町村圏組合に引き継ぐ。

・水道事業に対する各市町の負担は、地方公営企業繰り出し基準に基づく、国庫補助事業の対象となった建設改良費負担分については、各市町の協議により定める。

　この調印は、政府（総務省・厚生労働省）、埼玉県（水道行政担当部局）の強い指導の下に、住民の願いや思いを無視する形で進められたものです。2016年4月1日、秩父郡市の水道事業は広域統合され、秩父広域市町村圏組合の一事務となりました。

⑵　調印後も広がった住民の運動

　この調印の後も、住民の運動はさらに広がりました。

・調印後、小鹿野町は6地域で説明会を開催、広域統合に賛成発言した町民、一人もなし。

・「名水の町、小鹿野町水道事業の継続を求める要望署名」、1か月

間で人口1万2636人のうち4523筆を議会に提出しました。

・町議会議員に対するアンケート実施。

・2015年6月議会に水道広域化は、「秩父広域市町村圏組合の規約変更議案」として提案されました。内容的には「秩父広域市町村圏組合の規約」の業務内容に「水道事業」を追加するというものです。

　統合議案は、議会最終日の午後上程されましたが、統合に反対する議員の熱心な質問と討論で翌日の午前4時半までかかる徹夜議会となりました。傍聴者28名が見守る中で採決、結果は、賛成8名、反対5名で可決されました。

・その結果、2016年4月1日に広域統合が行われました。

7　明らかになった広域統合の問題

　事業統合が進んでも、ますます広域統合の問題点は明らかになってきています。

・別所浄水場の配水に取水が原因でカビ臭、墨汁臭が発生、活性炭大量購入。

・国庫補助金が工事費の3分の1出るとの説明だったが、実際に出た補助金は予定額の65%であったこと、虚偽説明をした責任は誰も取らない。

・小鹿野町は、秩父市水道料金との差額分7500万円を今後も払い続ける必要があること、4年以内に行われる統一料金策定で、水道料金の大幅値上げが心配。

・統合後1年も経たない2016年12月、秩父広域市町村圏組合の水道局が各自治体に対して2017年度分の出資債の繰り出しを求めてきたこと、小鹿野町分は7240万円であったが、町長は繰り出しを

小鹿野浄水場更新費用	小鹿野町に配水する費用
約 31 億円　　◀TV 放送された金額▶　　約 25 億円	
（※廃止 3 施設含む全浄水場更新費用）	（※別所浄水場更新費用は含まない）
小鹿野の更新費用は 2013 年価格の 1.4 倍の 31 億円 10 月の TV 放送以前では 41 億円と言っていたのに修正された。この数字の変更も町民に説明がない。	ミューズパーク施設費 25 億円 ここには小鹿野へ水を供給するために別所浄水場を増強する更新費用は入っていない。
31 億円 小鹿野のすべての浄水場の更新費 31 億円 この段階で逆転	**48 億円** ミューズパーク施設費 + 秩父の更新費用 25 億円 + 23 億 = 48 億円 別所浄水場更新費 52.7 億円に小鹿野と同じように 1.4 倍の調整倍率を掛けると 74 億円。その金額に小鹿野への水量必要分 31.4% を乗ずると約 23 億円。
16 億円 小鹿野町で廃止される予定の 3 か所の浄水場の更新費用は約 16 億円。 今後も存続する 4 浄水場の更新費用（河原沢 1.7 億円、倉尾 5.5 億円、竹平 6.3 億円、煤川 1.3 億円）は約 15 億円。 　　31 億 − 15 億 = 16 億円 今までのどんな説明でも、小鹿野の更新費用 31 億円には廃止されない浄水場も含まれている。これは数字のトリックだと言われてもしかたない。	**48 億円** ミューズパーク施設費 + 秩父の更新費用 48 億円 3 倍

図表 6-5　小鹿野浄水場更新と山越え配水の比較

注：小鹿野町は 2017 年 10 月 15 日、TBS「噂の東京マガジン」で「秩父名水の里に危機！水道行政で町が分断」のタイトルで放送された。
資料：小鹿野町議会全員協議会で配布された資料〔2014 年 11 月 26 日、町水道課作成〕など。

　　拒否、出資債の繰り出しは今後も長年にわたり引き続き求められること。

・業務委託が進んでいること（例：水道料金等包括業務＝群馬県の業者が受託）。

・水道事業運営の責任所在が不明確になってきていること。

・各自治体に水道事業について質問しても答えられないことが多くなってきている。

8　今後の運動

　小鹿野町単独の水道事業は広域化という形でなくなりましたが、町民の中には小鹿野町単独の水道事業に戻せとの声が根強くあります。また議員の中にも広域水道からの離脱を求める動きがあります。地区総会で住民90％の賛成で、「小鹿野浄水場存続、広域水道からの離脱」を決議、要望書を町長に提出した地区も出ました。

　現在、町のあちこちに「ミューズパーク配水池工事ストップ」「小鹿野浄水場の存続を」の立て看板が立ち始めています。

　また、さらに新たなことが発覚しました。それは、施設整備費用の比較に当り、小鹿野町浄水場7か所の更新費用は計上されているのに、小鹿野町への配水費用には、新設ミューズパーク配水池及び関連工事費のみの計上となっています。

　水をつくる肝心の別所浄水場の更新費用の小鹿野町配水分の費用がどこにも明記されていません。それを加えて比較すると「別所浄水場・新秩父ミューズパーク配水池・小鹿野ルート」の方が高コストになることが分かってきました。このことは、小鹿野浄水場廃止の根拠が崩れることになります。

　今後も「小鹿野町水道問題を考える会」は、活動を継続し、"いのち

の水を守る”ために活動してまいります。

　小鹿野町議会は 2018 年 3 月 16 日、下記の決議案を賛成 7 名、反対 4 名で採択し、改正水道法が成立した 12 月 6 日に次頁の意見書を全会一致で採択しました。

小鹿野浄水場の存続を求める議決

　小鹿野町民は古くから両神山、二子山、毘沙門山などの峰々から湧水する水を生活のために用いてきた。山々から流れ下る清流は赤平川を形成し、いつしか小鹿野町は「名水の町」と呼ばれるようになった。

　上水道普及の中で赤平川を水源とする小鹿野浄水場が建設され、小鹿野浄水場から配水される水は、長年にわたり多くの町民のいのちとくらしを支えてきた。

　ところが、近年にわかに起こった水道広域化の動きの中で、小鹿野浄水場は廃止されようとしている。町民の中には、地元に水があるのになぜ利用しないのか、地元の水を飲み続けたい、小鹿野浄水場を残してほしいなどの声があふれている。

　そもそも水の問題は、命の問題である。世界的には水不足に苦しむ多くの人々が存在し、水をめぐる地域間紛争勃発の危険性がある。国内でも外国資本による水源地買収問題などが生じている。このような状況の中で、各地域で独自水源を確保し活用することが求められている。

　地元の水を使って生活したいという小鹿野町民の強い願いを将来にわたって保障するため、小鹿野浄水場の存続を強く求める。

　以上のとおり決議する。

　平成 30 年 3 月 16 日

　　　　　　　　　　　　　　　　埼玉県秩父郡小鹿野町議会

水道民営化を推し進める水道法改正案に反対する意見書

　政府は、水道施設に関する老朽管の更新や耐震化対策等を推進するため、公共施設等運営権を民間業者に設定できるコンセッション方式の仕組みを導入する内容を含む、水道法の一部を改正する法律案の成立を目指している。

　水道事業におけるコンセッション方式の導入は、自治体が持つ水道事業の運営権を長期にわたり民間企業に売却することに他ならない。水道は国民の生命、生活や経済活動を支える重要なライフラインであり、利益を追求する民間企業の経営とは相いれないことは明白である。コンセッション方式により運営権を得た企業が利益追求に走り、料金高騰や水質の低下につながる恐れがある。

　麻生副総理は、2013 年 4 月、米シンクタンクの講演で「日本の水道はすべて民営化する」と発言し、政府は水道事業の民営化を推進してきた。

　ところがすでに水道事業が民営化された海外においては、フィリピン・マニラ市で水道料金が 4〜5 倍に高騰、フランス・パリ市では、料金高騰に加え不透明な経営実態が問題になるなど、世界の多くの自治体で再公営化が相次いでいる。

　今般の水道法改正案は、すべての人が安全、低廉で安定的に水を使用し、衛生的な生活を営む権利を破壊しかねない。

　よって国会並びに政府におかれては、水道事業にコンセッション方式の導入を促す水道法の一部改正案は廃案にするとともに、将来にわたって持続可能な水道を構築し、水道の基盤強化を進めるため、必要な支援の充実、強化、および財源措置を行うよう強く要望する。

　以上、地方自治法第 99 条の規定により意見書を提出する。

　平成 30 年 12 月 6 日

　　　　　　　　　　　　　　　　埼玉県秩父郡小鹿野町議会

9　その後の動き

　2016年4月1日の広域化後のこの4年間で危惧されていたことが現実のものとなりました。

　1　小鹿野町は、1市4町で1番安い水道料金でしたが、令和3年4月からの統一料金では、43%の値上げで1番高い値上げ幅になってしまいました。

　また、町から広域への負担金が2016（平成28）年〜2020（令和2）年の5年間で、約8億円も出費しています。

　それでも10年後の借金は、90億円にまで膨らんでしまいます。さらに、国庫補助金が10年間で、111億円補助されるのに、水道料金値上げ、負担金増の企業体質が続きそうです。

　2　事業計画の問題で、小鹿野浄水場を存続する場合と水系の異なる荒川の水を山越えで小鹿野町へ送水する場合のコスト比較について、小鹿野町長は秩父広域市町村圏組合理事会にて、平成30年5月16日と平成30年11月2日の2回、小鹿野町議会（2018年3月16日）で、「小鹿野浄水場の存続を求める決議が賛成多数で可決されたこと」と合わせて、再検討の要請をしました。

　そのなかで、副管理者から「分かりやすい形でコスト比較が可能であれば資料を作成し、目に見える形にすることは意味があるのでは」「明示できますか」との質疑があり、それに対して、水道局は、「コンサル業務の中で委託して算出する方法しかないと思います」と、事業計画どおり進めようとしている水道局なのに、その根拠となる数字を出そうとしない。この件については、町議会、広域議会にて何度も質問されているのに明確な答弁がなされていません。議会軽視もはなはだしい。

（単位：円）

	現　在	2021 年 4 月より	増　減
小鹿野町	4,300	6,160	1,860
横瀬町	5,400	6,160	760
秩父市	6,160	6,160	0
皆野・長瀞町	6,680	6,160	▲ 520

■小鹿野町からみた 5 年ごとの値上げシミュレーション

	2026 年	2031 年	2036 年
値上げ率	177%	222%	260%

図表 6-6　秩父広域市町村圏組合水道事業水道料金統一
注：一般家庭の口径 13mm、2 か月、40m^3 仕様の場合。
出所：秩父広域市町村圏組合の資料より作成。

　約 9000 人の人たちの水が失われようとしているのに、町民への説明会は、一度も開かれていません。広域のビジョンに掲げられている「良好な水源の保全」に自ずから違反しているにもかかわらず。

　最後に、一極集中は災害時の危機管理上問題とのことについて、2019 年の台風 19 号で、秩父、別所浄水場のすぐ上の壁面が大崩落して、700 戸が断水し、激甚災害調査が長引き、復旧工事が膨大なものになりそうです。心配が現実のものとなっております。

　総務省は、2020 年 2 月 17 日、地方での広域連携のあり方などを議論している地方制度調査会の専門委員会小委員会で、「事実上一方的に取りまとめるようなことはあってはならず」との文言を盛り込みました。住民の参加も促しています。

　ふるさとの大切な水源が生かされ、享受できる権利を守るのが行政の仕事であってほしいと思います。

7

大阪市

市民が止めた水道民営化

植本眞司

　2017年3月、大阪市議会において継続審議となっていた大阪市の水道民営化関連議案は廃案となりました。しかしながら、大阪市の吉村洋文市長は、改正水道法の成立の後、再度、水道民営化に挑戦する意向を示しており、予断を許さない状況は続いています。

　同じ時期、大阪市議会において労働組合、民主団体、政党などで構成する「大阪市をよくする会」を中心に組織的かつ大規模に反対運動を展開していた地下鉄及びバスの民営化が、維新、公明、自民の賛成により可決されていただけに、水道民営化関連議案の廃案は意外な結果と受け止めています。

　給水人口269万人、かつ水源は他の事業体に頼らず自立しているという巨大な、技術力の優れた歴史ある大阪市の水道の民営化という、とてつもなく大きな嵐に対して、市民がなぜ真正面から立ち向かい、止めることができたのか、紹介します。

1　ちょっと待って！　水道の民営化

⑴　維新の会の出現による保守層の分裂

　2008年1月の橋下徹大阪府知事の誕生、2010年4月の大阪維新の会の結成以降、大阪の政治状況が激変しましたが、維新の会の極端な右寄り路線はいわゆる保守層の分裂をも生みだしました。

　2011年11月の大阪市長選挙において反維新の共同がはじまり、2013年9月の堺市長選挙及び2015年5月の大阪市解体を問う住民投票での反維新の保革を超えた共同が勝利し、首相官邸と蜜月の関係にある維新の会に対抗する共同は、自民党大阪府連をも巻き込んで広がりました。

　これが、大阪市議会の勢力図を変え水道民営化案について自民党が賛成に回らず、公明党も反対した要因のひとつと考えられます。

⑵　根強い水道民営化への抵抗感

　しかし、これだけでは、大阪市議会において、地下鉄・バスの民営化が可決されたにもかかわらず、なぜ水道の民営化が廃案になったかの説明は不十分です。

　大阪市をよくする会では、地下鉄・バスの民営化が水道民営化より危ない状にあると分析し、重点的に反対運動を展開していました。しかし、水道民営化については、日本の水道事業がほとんど公営であり、市民の水道民営化に対する潜在的な拒絶感が大きく、維新の会が大きな勢力保っている大阪市においても、容易に水道民営化を許さなかったことが最大の要因であったと考えられます。

　私たちは、市民が抱いているであろう潜在的拒絶感の存在を、反維新の共同のネットワークの力を背景に、市議会議員に的確に届けるこ

給水開始	1895 年（国内 4 番目）
給水人口	269 万人（市内全域）
施設能力	243 万 m³/日
一日最大給水量	129 万 m³/日
水道事業収益（経常収益）	653 億円
水道料金（一般家庭向け 20m³/日）	税込 2073 円（大都市で最も安価）
職員数（水道事業）	1526 人

図表 7-1　水道事業の概要

注：数値は 2014 年度、水道料金 2016 年 1 月時点。
資料：「大阪市水道事業における公共施設等運営権制度活用の検討について」大阪
　　　市、2016 年 2 月より作成。

とにより議会の中に多数派を形成できたことが成果として大きいと考えています。

(3)　共同のひろがりと広範囲な情報発信が世論形成に効果を発揮

　では、具体的にどのようにして市議会や市民の中に問題を伝えることができたのでしょうか。

　それは NPO 法人 AM ネット、NPO 法人水政策研究所、近畿水問題合同研究会などの市民団体が共同し、お互いの特徴を生かし、尊重し合いながら、大阪市当局の水道民営化に関する資料への理論的反論、世界的な再公営化の動き、公営水道の可能性について見解をまとめ、情報発信を行ってきたことにあるといえます。

　詳細は後に記述することとし、まず経過について記します。

2　大阪市水道民営化の前哨戦 = 府営水道・市営水道の統合

(1)　維新の会の生命線—「大阪都構想」「ワンおおさか」実現のために

　大阪府と大阪市の「二重行政」の解消をアピールし、2008 年 1 月に大阪府知事に当選した橋下徹氏が、二重行政の象徴としたのが水道事

業でした。大阪府下の市町村に水道用水を供給する用水供給事業である大阪府営水道と、大阪市民の水道水を大阪府営水道に頼らず独自に淀川から取水して供給していた大阪市の水道事業のことを二重行政と攻撃したのです。この二つの事業体の水源は同じ淀川であり、取水地点、浄水場などが近接していたことから、統合すれば効率化ができるという考え方でした。

　当時は良好な関係であった橋下府知事と平松邦夫大阪市長は、2008年4月に水道事業の将来的な事業統合を目指して協議することで合意し、検討が開始されることとなりました。

⑵　水道事業をめぐる橋下知事と反維新勢力のたたかいの始まり

　2009年9月、府域一水道実現までの間、大阪市が指定管理者となり大阪府の用水供給事業を包括受託する案が、大阪府と大阪市で合意されました。しかしながら、2010年1月、府営水道から用水供給を受けていた市町村の首長会議において、この案は採用されず、大阪市を除いた42市町村で企業団を設立し、将来的には大阪市を巻き込んで府域一水道をめざすこととなりました。そして、2011年4月に大阪広域水道企業団が設立され、大阪府から用水供給事業を継承することとなりました。

　府市統合に関して、平松大阪市長との政策的不一致が目立ち、思うようにいかなくなってきた橋下氏は、事態を打開するために知事を辞任し、平松市長の対立候補として2011年11月の大阪市長選挙に出馬し当選しました。

　大阪市長となった橋下氏は、2012年1月、歴史ある大阪市水道局の柴島浄水場を廃止しようとしました。

　柴島浄水場は、面積が約50ha（甲子園13個分に相当）と広大であり、東海道新幹線の新大阪駅の南東800m位置し、私鉄4駅とも近接

○ダウンサイジングの考え方

施設能力
243万 m³/日

柴島上系廃止
▲67万 m³/日

ダウン
サイ
ジング

施設能力
176万 m³/日

庭窪3系廃止
▲32万 m³/日

ダウン
サイ
ジング

施設能力
144万 m³/日

乖離が
大きい

水需要
(H24)
132万 m³/日

水道施設の再構築
＋
浄水施設・配水池
(柴島上系)の
耐震化

水需要
(H24予測値)
129万 m³/日

浄水施設の耐震化

水需要
(H42予測値)
129万 m³/日

現 状

柴島上水上
上系廃止後

将来形
※柴島上系廃止後に、
将来水需要を精査の
上で将来形を決定。

○浄水場位置図

桂川

庭窪浄水場
80万 m³/日
↓
48万 m³/日
(3系廃止)

琵琶湖

宇治川

柴島浄水場
118万 m³/日
↓
51万 m³/日
(上系廃止)

淀川

木津川

豊野浄水場
45万 m³/日

大阪市

図表7-2　浄水場のダウンサイジング

資料：「水道事業民営化基本方針案」大阪市水道局、2014年4月より作成。

しています。その跡地を再開発して、多くの利益を得ようとする関西財界の思惑がありました。

　しかし、跡地の売却費320億円に対し、浄水場施設の解体、水道管の布設替等に要する費用が3700億円を超える可能性がある、という市

民にはなんら利益のないとんでもない計画でした。

　結局、2012年8月、大阪市水道局と、同市以外の府内42市町村で
つくる大阪広域水道企業団の統合について話し合われた43首長会議で
は、府市の水道を統合する場合には、大阪市の柴島浄水場を半分廃止
するという結論となりました。

3　「二重行政」の解消の野望がとん挫、民営化計画へ

⑴　官邸との共同作業

　橋下大阪市長は、2013年5月に、大阪市水道局と大阪広域水道企業
団の統合を大阪市議会に上程しましたが、大阪維新の会を除く会派が
「市民にメリットがない」として否決されました。

　しかし、その直後の6月19日の大阪市戦略会議で今度は統合ではな
く「水道事業の民営化の検討」が突如として発表されました。時を同
じくして6月14日作成の政府の日本再興戦略の中には「公共施設に運
営権を設定することで……コンセッション方式によるPFI事業を抜本
的に拡大する」ことが示されているように、橋下氏と官邸との蜜月ぶ
りがこのことからもうかがえます。

　なお、民営化をめぐる経過の概要は次のとおりです。

　2013年6月　橋下大阪市長、いったん統合協議を中止し、経営形態
の変更（民営化）の検討を進めることを決定。

　2013年9月　竹山修身堺市長再選。

　2015年3月　大阪市が、議会に運営権制度の活用を可能とする旨等
を定めた「大阪市水道事業及び工業用水道事業の設置等に関する条例
の一部を改正する条例案」を上程したが、否決。

　2015年5月　大阪市の解体（都構想）住民投票において反対多数。
橋下徹氏、政治家引退宣言。

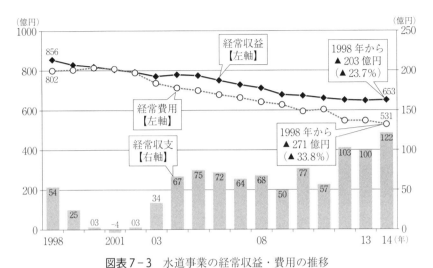

図表7-3　水道事業の経常収益・費用の推移

注：経常状況は、1997年に料金値上げをして以降、収益の減少を上回る費用の削減により2001
　　年度を除き黒字を維持。（必要な投資は進めつつ、事務事業の見直しに伴う職員数の削減な
　　ど、公営企業としてさまざまな経営改革に取り組むことにより、コストカットを実施。）な
　　お、一般会計からの補助金は近年ほとんどなく、水道料金収入により運営している。

資料：「大阪市水道事業における公共施設等運営権制度活用の検討について」大阪市、2016年2月
　　　より作成。

　2015年11月　維新の松井一郎大阪府知事再選、大阪市長に維新の
吉村洋文氏当選。

　2016年2月　吉村大阪市長、産業競争力会議の部会で法人税の免
除・軽減等を要望。

　2016年3月　AMネットが「大阪市水道特定運営事業等実施方針
（案）」に関する陳情書を提出。大阪市が議会に、運営権制度の活用を
可能とする旨等を定めた「大阪市水道事業及び工業用水道事業の設置
等に関する条例の一部を改正する条例案」を上程したが、継続審審査
に。

　2016年4月　7団体、大阪広域水道企業団への統合合意（泉南市・
阪南市・豊能町・能勢町・忠岡町・田尻町・岬町）

2016年12月　大阪市議会、改正条例案を審議したが、継続審査に。

2017年3月　水道法改正法案、国会へ提出。大阪市議会、改正条例案を審議したが、審議未了により廃案。

2017年4月　3団体、大阪広域水道企業団に統合（四条畷市、太子町、千早赤阪村）

2017年9月　竹山修身堺市長3選。水道法改正法案継続審議。

(2)　大阪市の水道コンセッションの概要

大阪市水道事業における公共施設等運営権制度活用の検討について（2016年2月4日、大阪市）の「4．本市水道のめざすべき方向性について」次の5点が取り上げられています。

①水需要については、今後、「人口減少」という要素も加わることから、引き続き減少傾向で推移する可能性が高く、収益の下げ止まりは期待できない。

②一方、管路耐震化等をさらに促進するには、多額の事業費が必要となり、今後の水道事業の経営環境は極めて厳しい状況にある。

③このような中、お客さまに新たな負担を求めることなく、管路の耐震化の促進等に「安心・安全」を強化するとともに、将来にわたって事業の持続性・安定性を確保することが必要。

④また、事業量の大幅増を可能とするには、民間手法による発注、施工管理体制の確立が不可欠。

⑤さらに、本市の持つ高い技術力、ノウハウを活かした、国内外への事業展開を推進することで、事業の発展性を追求することも必要。

これらの課題を解決し推進するためには、「公共施設等運営権制度」を導入し、運営そのものは民間の経営手法を活用することが最善の手法としています。

つまり、将来の収入増が見込めないことで、耐震化等の費用を賄え

ないので、民間的経営手法を導入、効率化しコストを削減する。また、
海外への事業展開により収益を上げるというものです。

(3)　コンセッションの問題点

　「大阪市水道事業における公共施設等運営権制度の活用について」
（実施プラン案）」では、職員削減による人件費の減、工事契約手法の
見直し等による更新投資額の減、市の共通経費負担の減等による経費
の減が、それぞれ年間約10億円、30年間で約910億円となっていま
す。

　職員数は、約1600人から1000人以下に削減する一方で、国内外で
のビジネス展開への対応など、その発展性や規模の拡大に伴い新たな
職域を確保するとし、賃金、退職金については、職務及び業績を反映
させる制度の導入、雇用形態は派遣社員、短期雇用、契約社員などへ
の転換も行うとしています。

　約270万の給水人口を、たった1000人の非正規労働者を含む社員で
カバーしつつ、他の事業体や海外での業務の請負までしようとしてい
るのです。

　このような人件費削減を伴った執行体制では、そもそも技術継承や
災害時の対応について現状の力を維持できるかどうかも危惧するとこ
ろであり、この問題については、市民への情報発信において、私たち
が重点を置いたところです。

(4)　法人税の免除等を政府に要請

　吉村大阪市長は、コンセッションにより施設運営権を譲渡された企
業に対しての法人税免除等を行うよう、2016年2月、政府に対して要
望を行いました。大阪市が全額出資し設立する株式会社には、いずれ
民間資本を参加させる計画となっており、民間資本にとってはありが

たい話です。企業が世界一活動しやすい国づくりを目指す安倍晋三総理の思いを、具体化しようとしているともいえます。

4　広がる共同と民営化ノーの声

⑴　竹山堺市長も水道民営化ノー「水道事業は公営で行うべき」

　大阪広域水道企業団企業長でもある堺市の竹山市長は、2017年9月の市長選挙において、私たちも含む反維新の共同の力で、維新の会の候補者に勝利しました。

　その竹山市長は、2017年12月3日に大阪市で開催された第26回水とくらしの110番シンポジウム（主催：近畿水問題合同研究会、後援：大阪自治体問題研究所）において、官民共同、府域一水道の推進という立場も持ちつつも、水道は公営で行うべきとの見解を明らかにしています。

　私たちは、見解の相違があるにせよ、労働組合を含めてさまざまな立場からの意見に向き合い、話し合いながら物事を進めていくという市長の姿勢がある限り、「いのちの水を商品にしない」との立場での共同、広域化を含む持続可能な水道のあり方についての相互の理解を深めていけると考えています。

⑵　水道労働者と研究者の長年にわたる共同

　大阪には、自治労連加盟の府下市町村の水道労働組合の集まりである公営企業評議会があります。また、市民運動団体、研究者、労働組合などが設立し、30年以上活動を続けてきた近畿水問題合同研究会（理事長・仲上健一立命館大学特任教授）があります。

　このように、水問題のシンクタンクと運動母体が長らく大阪に存在していることは、今回の水道民営化反対運動の原動力になったともい

えます。

⑶　新たな共同、広範な分野への情報発信

　今回の大阪市の水道民営化阻止の運動において、従来の労働組合が発信源では届かなかった分野とのつながりや、それらの団体を通じてさらに広範囲に情報発信ができたことが大きな力となりました。

　その最大の要因は、私たちと、NPO や市民団体の情報発信のツールの違いにあります。彼らのインターネットや SNS を通じた情報発信力は素晴らしいものがありました。彼らが事務局の中心となって企画したシンポジウムには、250 人の方が参加されました。

　ネットでつながりのあるところへはすぐに発信し、つながりからつながりへの拡散という手法は戦争法反対の国会前集会などを思い起こさせ、シンポジウムの模様をビデオ撮影し、リアルタイムでユーチューブ上に生公開していたことには驚かされました。

　私たちが中心になって、関連団体への案内の郵送、関連団体のホームページへのチラシのアップ依頼をしたところで、今までではようやく 100人が限界であり、今回の手法からは多くを学び、よい刺激となりました。

　水問題は、多くの市民が関心を持つテーマであり、シンポジウムについては、主催団体がどこであるかより、その内容や取り組みの意義を伝えることが重要だと感じています。

　私たちの組織もホームページ、ブログを開設し、逐次内容を更新して、

図表7-4　シンポジウムちらし

私たちの主張や問題提起をインターネット上でも認知してもらうことが求められています。さまざまな団体との交流、人と人のふれあいも重要であることはもちろんです。

　これからも、今回の運動をともに闘った仲間との交流と共同を広げ、次なる民営化提案を乗り越えていきたいと思っています。

参考文献
「水道事業における公共施設等運営権制度の活用について（実施プラン案）」2015年8月修正版、大阪市水道局。
「大阪市水道事業における公共施設等運営権制度活用の検討について」2016年2月4日、大阪市。
北川雅之「大阪市の水道の現状と課題」NPO法人水政策研究所。

8

滋賀県

大津市のガス事業コンセッション

杉浦智子

1　現在まで大津市ガスがどう運営されてきたか

　大津市では、明治43（1910）年に大津瓦斯株式会社が創立され、石炭を原料にガスを製造販売し、旧大津市全域に供給してきました。その後、第一次世界大戦により経営困難に陥り、大正7（1918）年に解散。以降、昭和9（1934）年までの17年間供給されず不便でしたが、近江瓦斯株式会社が創設され、昭和10（1935）年に近江瓦斯株式会社と大津市との間で事業引継の仮契約が成立しました。そして昭和12（1937）年には、商工大臣からガス事業譲り受けの許可を取得、ガス供給を開始しました。第二次世界大戦を経て、昭和22（1947）年には一般需要家へのガス供給を再開して現在に至る80年の歴史を刻んでいます。

　大津市では、水道事業、下水道事業、ガス事業の3事業を公営企業法に基づき企業局において運営を行っています。

　ニーズに柔軟に対応し、サービスの充実などで市ガスの利用の促進を目的に「㈱大津ガスサービスセンター」を1993年に設立、2000年

事業概要

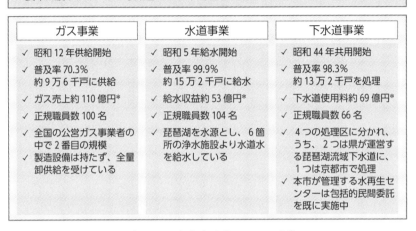

> ・本市は、ガス、水道及び下水道の3事業を企業局（公営企業）において実施している
> ・ガス事業は全国の公営ガス事業者のうち、仙台市に次いで2番目の売上規模である
> ・長年に渡り、インフラ事業者として市民生活を支えている

ガス事業	水道事業	下水道事業
✓ 昭和12年供給開始	✓ 昭和5年給水開始	✓ 昭和44年共用開始
✓ 普及率70.3% 　約9万6千戸に供給	✓ 普及率99.9% 　約15万2千戸に給水	✓ 普及率98.3% 　約13万2千戸を処理
✓ ガス売上約110億円*	✓ 給水収益約53億円*	✓ 下水道使用料約69億円*
✓ 正規職員数100名	✓ 正規職員数104名	✓ 正規職員数66名
✓ 全国の公営ガス事業者の中で2番目の規模 ✓ 製造設備は持たず、全量卸供給を受けている	✓ 琵琶湖を水源とし、6箇所の浄水施設より水道水を給水している	✓ 4つの処理区に分かれ、うち、2つは県が運営する琵琶湖流域下水道に、1つは京都市で処理 ✓ 本市が管理する水再生センターは包括的民間委託を既に実施中

図表 8-1　大津市公営インフラ事業

注：2016年度末時点、＊は速報値。
資料：「大津市ガス事業の在り方検討―基本方針」大津市企業局、2017年6月より作成。

には修繕業務の効率化と体制強化を目的に「㈱パイプラインサービスおおつ」を設立するために出資しています。

　2015年度末における供給区域内戸数は13万5853戸、内供給戸数は9万5260戸であり、普及率は70.1％。供給区域の拡張等に伴い供給区域内戸数は増加、しかしオール電化の普及等のため新規需要は伸び悩んでいます。工業用及び商業用の大口需要家への供給は、市ガスの供給量の約70％を占めます。大津市のガス事業は全国の公営ガス事業者のうち、仙台市に次ぐ2番目の売り上げ規模です。大口需要家、一般需要家も含め、市全体で大阪ガスの大口需要家として安価に仕入れ、市自身がさまざまな営業努力を行い、低料金で提供できています。西日本では72の都市ガス事業者があり、月間使用料33m³（一般的な平

均使用量）あたりでの市のガス料金は西日本で一番安価です。

　そして大津市が各家庭に設置している販売メーターと、大阪ガスが設置している購入メーターとの特性の差から結果的に生じている差額は逆ロスとして大きな利益を生み出し、2016年度末での内部留保金は94億円となっています。

　これまでの民営化の動きとしては、1981年9月、市長の私的諮問機関として、「大津市ガス事業懇話会」を設置し、大津市ガス事業の今後の経営のあり方について諮問、翌年1月に「大津市のガス事業は基本的には大阪ガスへ移管することが望ましいと思料される」との答申が示されました。しかし「大津市営ガスを考える住民懇話会」など、市民による反対運動が大々的に取り組まれ、民営化の動きを跳ね返しました。

　その後2011年度には、ガス事業が黒字の間に民営化すべきの意見が議会からも出てきたことなどから、大津市ガス事業のあり方庁内検討委員会を設置し、「市民にとってどうするのが最もよいか」という視点で検討が行われました。このときは、全国的にも安価なガス料金の水準を維持しながら、当面安定した経営の持続が可能だとして、公営で行うことにより市の他事業との調整や市民貢献、地域経済・雇用の促進に寄与していること、さらには公営としての安定した経営の継続が市民の厚い信頼を得ていることなどを理由に、「本市ガス事業は、公営で継続することが望ましい」という結果を示しました。以降、正式に「民営化」が議論されたことはありません。

2　今回の民営化の背景——電力・ガス小売の自由化・市全体の行革

　アベノミクスは、国民生活ばかりか、地域経済をも破壊し続けていますが、安倍首相は「地方創生」政策を打ち出し、国民の反発をかわ

すためか、地方自治体向けに成長戦略を強調しました。2016 年度には、自治体のインフラ・データを解放し、公共サービスの産業化に予算が盛り込まれています。

　国は公共サービス（公共事業）に大企業を参入させ、公共サービスの産業化を狙って、自治体のあらゆるサービス（事業）について、PPP/PFI（Private Finance Initiative）手法が導入できないか検討して、その結果を報告させるという規制緩和を強力に押しつけています。この検討には、公共分野の市場化・民間化によって経済成長を図るという従来の発想に加え、それにより歳出効率化と税収拡大を図る「財政健全化」をセットにするところに重点が置かれています。地方自治体の財政難が言われるときに、健全財政の堅持のため、歳出効率化に向けて行財政改革の取り組みを求めているのです。

　大津市では、2011 年、「大津市を変える」として当選した越直美市長のもとで進められてきた行政改革は、国が推進してきた新自由主義的自治体改革に忠実に倣い、職員と市民に負担を押しつけるものとなっており、職員定数の削減や超過勤務手当の抑制、人事院勧告に依らない給与削減をはじめとする人事・給与構造改革を強行しています。市民に対しては市独自の施策を次々と切り捨ててきました。越市長はアウトソーシング検討委員会を庁内に設置し、民間商社出身の前大津市企業局管理者を委員長に据えて、各部局の事業についてアウトソーシングをいかに進めるのか検討、「大津市民間委託ガイドライン」を策定し取り組みを強めてきています。PPP/PFI の導入についても市内事業者、市職員、議員を対象に日銀職員を講師にした勉強会を開くなど、「民間にできることは民間に」をスローガンに公務を民間事業者に明け渡しています。市内のごみ処理 2 施設や市民温水プール、学校給食センターの整備には PFI 手法を導入しています。また「大津市民病院」は 2017 年 4 月に独立地方行政法人化し、市が運営してきた「老人保健

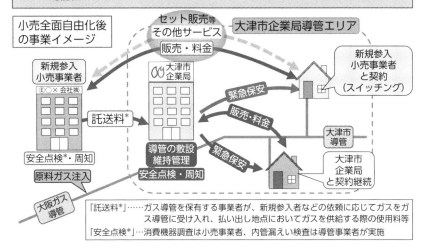

- ・2017年4月にガスの小売全面自由化が開始され、新規参入小売事業者（以下、新規参入者とする）による本市エリアでの販売が進可能性がある
- ・新規参入者は、ガス以外の商品とのセット販売や低廉な料金等を掲げ顧客獲得していく可能性がある

図表8-2　ガスの小売全面自由化の概要図

資料：同前。

施設ケアセンターおおつ」は2017年度で廃止、大津市卸売市場も市場業者の理解を得られないまま民営化に突き進もうとしています。

　そうしたなかで、大津市企業局では、大津市ガス事業が抱える二つの課題解決のために、ガス事業の新たな運営形態の検討が必要だとして、大津市公営インフラ事業のあり方を検討するとしました。

　課題の一つは、2017年4月からガスの小売が全面自由化されることにより、国による新規参入の促進のための施策が示され、自由競争環境が整備されていきます。新規参入者が、他業種とのセット販売や低料金等を掲げて大津市を含むエリアで事業展開が図られる可能性が高くなっています。こうした動きに対処するためには、今後市民に付加価値の高い新たなサービスや料金メニューを提供していくことが求め

られますが、新たなサービスの拡充や料金設定の自由度など民間事業者に比べると大きな制約がある公営事業者としての課題をクリアする必要があるとしています。

　さらに 2017 年 4 月以降、契約の切り替えの影響を受けることなどにより、ガス事業の経営状況が厳しくなって、これまで市民に提供してきた低廉なガス料金の維持が困難になる可能性もあるとしています。

　もう一つの課題は、企業局の独自採用職員が高年齢化してきており、専門技術職で構成している組織体系を維持していくことが困難な状況になってきているというのです。こうした状況下では、ガス事業の根幹となる緊急保安体制が 2019 年以降、「直営体制」の確保ができなくなるなど人材・組織面の脆弱化が大きな課題となるというものです。

　これらの解決のために示されたのが、市ガス事業が供給施設を所有したまま、小売事業の運営などを民間との共同出資で設立する会社に委託する「コンセッション方式」、いわゆる「公共施設等運営権制度」を導入する計画です。この方式が導入されると、公営ガス事業では全国で初めての事例となります。導入時期は 2019（平成 31）年度とし、続いて 2022（平成 35）年度を目途に、水道事業も同会社に受託させる計画であり、新会社は電気や家事代行などの新規事業にも取り組むことなどを想定しているのです。

　大津市が想定する新会社とは、「大津市企業局」と「パートナー事業者」が共同出資して設立する「官民連携出資会社」で、双方で人員派遣し、技術の継承や民間ノウハウの活用が図れ、地元からの雇用を行うことで、「地元経済の活性化」に貢献できるとしています。ガス事業をはじめ、電力等多様なユーティリティ事業を展開して、市民生活を支える主体となることを目標にするとも述べています。

3 「あり方検討委員会」が答申した　民営化（コンセッション）のポイント

　2016年2月市議会通常会議で新しい事業スキーム（案）の具体的な検討やその他の新たな運営手法を調査審議するとした「大津市ガス事業のあり方検討委員会」を設置する議案が提案され、可決。学識経験者2名、公認会計士1名、弁護士1名、消費者団体1名の委員5名で構成した「大津市ガス事業のあり方検討委員会」が設置され2017年4月から9月までに、合計6回（前半の3回までは公開、後の3回は非公開）審議されました。

① 事業範囲
　小売業務と体制の再構築が必要な緊急保安業務等については新会社で行う。そして現在もガスの緊急保安業務と一体的に行っている水道の緊急保安、修繕及び維持点検等の業務についても効率性の観点から新会社で行うことが望ましい。

② 既存出資会社との連携方法
　受委託型（既存出資会社が同業の他社に業務を委託すること）による連携が望ましい。そして新会社の設立により市の出資会社がさらに増えることになるため、将来的には出資会社間の組織再編等の可能性を検討する。

③ 利用料金設定及び変更方法
　一般契約については、現行料金水準を上限として条例で定め、その範囲内での変更は新会社の裁量で行えることが望ましい。エコキュートなど多様な料金メニューに係る選択契約や大口契約については、新会社の裁量に委ねることができる仕組みにすべきである。

④　運営権対価等

　本事業は他の公共施設等運営事業とは異なり、市が出資する新会社が運営権者となる。運営権対価を民間事業者に提案させた場合、新会社が市に支払うことになるため、新会社の経営圧迫、市の新会社事業リスクの負担につながる。そのため市が新会社を設立するために取得する株式における民間事業者への譲渡の対価については、株式譲渡対価として民間事業者から金額の提案を受けるものとし、運営権対価については毎年分割による定額とすることが望ましい。

⑤　モニタリング

　市は公営の一般ガス導管事業者としての責務を果たすため、新会社に対して、業務・財務状況などについて継続的にモニタリングを行い監視する必要がある。また市が出資を行っているという観点からも専門的な学識経験を有する者等から構成される有識者委員会を組織し、第三者の立場から定期的に市が行うモニタリング結果の確認等を行うこと。

⑥　職員の派遣

　これまで市内部で形成してきた技術を継承するため、新会社に対して市職員の派遣が必要であり、公務員派遣法に基づく職員派遣の採用が望ましい。

⑦　市と民間事業者の出資比率

　民間経営手法や民間ノウハウを最大限活用し、機動的な事業の推進とお客様サービスの向上を図る必要から、原則として最大限の民間出資を受け入れる方向で新会社を形成していくことが望ましいことから、原則として、市の出資は最小限（4分の1）にとどめ、民間の出資を最大化（4分の3）する方向で検討する。

　さらに、ガス事業におけるさらなる事業範囲の拡大や広域化の議論

が進む水道事業などにおいても、さまざまな角度から企業局事業の課題等を分析し、官民連携の有効性や新会社における業務実施の合理性等など、総合的なインフラ事業を展開する会社としてのあり方についても検討を期待する。

4　議会や市民の運動で明らかになった問題点

　今般の「官民連携出資会社」という具体的な構想がいつ、どのような経過でどれくらいの議論で打ち出されてきたのかは、何も示されていません。あまりに唐突に出されてきた構想にもかかわらず2019年度から事業開始予定の具体的スケジュールが示されているのです。庁内の経営プロジェクト会議の会議録などを開示したところ、業務分析や事業のあり方などの検討についての委託業務を担う民間コンサルタント会社の強い関与が見えてきます。

　ガスの小売全面自由化による社会的な情勢の変化がもたらされることに対する心配や危惧は理解するところですが、まずはガス事業の安定維持のために、市として公営事業としてのメリットを市民に示し、継続利用を求めていく必要があります。そのための具体的な取り組みやその進捗が大切です。しかし市の積極的な姿勢が見えてきません。

　また人材・組織の脆弱化については、市役所全体としての職員定数の削減計画などの影響もあり、技術継承という点でも専門技術職の養成を計画的に行う必要性をわが会派は繰り返し強調してきたことです。しかし無計画な人員削減を重ねてきた結果が、今となってさらに人材や組織に深刻な状況をつくることになってしまったといっても過言ではありません。結局、直営で事業を継続することを辞める方向に向かったからではないかと疑義を覚えます。この問題は市が努力を怠ってきたことに原因があり、反省すべきことです。

			A 公営 10%SW 大口 0 万 m³ 減 10 年間累計	B 新会社 10%SW 大口 0 万 m³ 減 10 年間累計
収益的収入	営業収益	ガス売上	128,118	128,118
	受託収益	外注費相当額	0	2,856
	受託収益	人件費相当額	0	1,350
		営業収益計	128,118	132,324
	売上原価		89,321	89,321
	託送料		32,306	32,306
	職員給与費	給料手当	4,457	2,989
		社会保険料	0	409
	役員報酬	役員報酬	0	360
		社会保険料	0	50
	経費	修繕費	0	0
		委託作業費	1,646	4,502
		需要開発費	328	328
		除却費(支出あり)	0	0
		除却費(支出なし)	0	0
		租税課金(占有料)	0	0
		その他	400	400
		事務所賃料	0	139
		諸経費	0	50
		システム費	0	150
	減価償却費		0	0
		営業費用計	128,458	131,003
営業損益			-340	1,321
	営業雑費用	職員給与費	122	122
		営業雑費用計	122	122
	営業外費用	その他	30	30
		営業外費用計	30	30
経常損益			-492	1,170
特別利益			0	0
特別損失			0	0
税引前当期純利益			-492	1,170
法人税等			0	681
累積純損益			-492	489

図表 8-3　公営継続と

資料：「大津市ガス事業の在り方検討―基本方針（案）」大津市企業局、2017 年 4 月より作成。

B - A	差異原因
0	
2,856	市から新会社に支払う委託費のうち外注費相当分。相殺すると、公営継続でも新会社でも委託費作業費は 1,646 百万円（＝ 4,502 百万円 − 2,856 百万円）のまま
1,350	市から新会社に支払う委託費のうち人件費相当額。安全サービス課 18 名分の人件費は導管事業に係るものであるため、大津市が負担。18 名× @ 750 万円× 10 年間で計算
4,206	
0	
0	
-1,469	①人件費追加計上：405 百万円（内訳：役員報酬 4 名分 360 百万円、従業員 1 名
409	分（営業担当）45 百万円）　※社会保険料は単価差額に含めている
360	②給与手当単価差額：△ 1,055 百万円（職員給与費給料手当△ 1,469 ＋社会保険
50	料 409 ＋役員報酬 360 ＋社会保険料 50 ＋①の影響△ 405 百万円）
0	
2,856	新会社の業務のうち導管事業に係るものは、公営時に外注している業務は新会社においても外注する前提である。そのうえで、導管事業に関するものについて、大津市から受託収益を得る（受託収益の外注費相当額を参照）
0	
0	
0	
0	
0	
139	従業員（役員含む）1 名あたり 3 坪、坪単価 7000 円/月、人数 55 名で計算
50	既存の費用に加えて、1 名あたり約 10 万円の費用を上乗せ
150	顧客管理システム等の初期投資費用。150 百万円を初年度に支出後、5 年間で償却（1 年あたりの 30 百万円の償却費が当初 5 年発生）
0	
2,545	
1,662	
0	
0	
0	
0	
1,662	
0	
1,662	
681	上記に係る税金、事業税収入割（粗利に課税）500 百万円、法人税等（事業税控除後の税引前利益に課税）181 百万円
981	

（正の数は官民連携出資会社で増加していることを表す）

官民連携出資会社の比較

　本来、こうした構想を示す際には、あり得る選択肢を示し、それぞれのメリット・デメリットを明示し、同一の条件の下比較すべきであり、選択した理由を明確にして方向性を示すべきです。にもかかわらず新会社が有利であることが、市が示すコスト比較表をみてもことさら強調されています。

　例えば共同出資する官民連携出資会社の設立で、双方からの人員派遣の実現としているが、官民の派遣職員の比率や市の職員としての身分保障の確保などの現職員の処遇、さらなるサービス向上、新たな付加価値とはどのような市民ニーズに応えるものを想定しているのか、売り上げをどのように見込んでいくのか、事業からのキャッシュフローをどのように扱うのか、資金調達など官民連携出資会社の民間経営との棲み分けや、官民連携出資会社の事業規模、これまで企業局の事業を下支えしてきた市内の関連事業者への影響と今後の対応などの事業の方向性は何も示されていません。議会への説明に用いられた資料はコンサルタント会社が作成したもので、PFI手法を用いるために、市の詳細な方向性を示すことは事業者の提案に大きな影響を及ぼすために明らかにできないとし、今後サウンディング調査（対話型市場調査）として事業者の意向を調査して決めていくとしています。市としてのガス事業に対するスタンスが明確にできず、コスト比較で最も大きな差となっている売上原価の根拠を質しても、期待値であると答えるなど無責任も甚だしいものです。

　何よりも大津市のガス事業は、関西でも随一の低料金を維持し、剰余金まで生み出しつつ安定的に事業が行われています。事業開始から重大な事故もなく、市民の安心・安全の願いに応える事業が進められ、市民からの信頼も得られている市民の財産ともいうべき事業です。そうした安定した直営のガス事業の運営形態を、市民が変えて欲しいと望んでいるとは考えられません。わざわざコンセッションする必要が

どこにあるのか、運営形態の変更の必要性は見えてきません。着々と公共事業を産業化しようとする国の言いなりに、民営化先にありきで「日本初」を目玉に、コンサルタント会社に構想をつくらせたとしか思えない状況です。今回の構想は大津市企業局の今後の運営方針の大幅な方向転換であり、重大な案件です。課題があるならそれを明確にしながらその解決策の必要性を丁寧に説明すべきで、住民不在、議会軽視ともいうべきやり方は許されません。あくまで市民の目線に立ち、市民にとってのメリットを最優先に、市民生活を支える公的責任を果たすべきです。

　性急に「官民連携出資会社」による事業継続を行う必要はありません。ガスの小売自由化の影響も見極めながら、公営事業での継続を模索する努力が公共としての責任を果たすことにつながるのです。

　しかし2018年度に入り、スケジュール大津市ガス特定運営事業等におけるパートナー事業者の選定に向けた審査委員会設置議案が、2月通常会議で賛成多数により可議決されました。審査委員会委員の構成は、在り方検討委員会の委員の内、弁護士を除く4名がそのまま引継ぎ、新たにPPP／PFIに精通したという弁護士と企業局職員2名が加わり7名となり、4月から4回の委員会の開催でパートナー事業者の選定審査を行い、10月には優先交渉権者として大阪ガス㈱を代表企業とするコンソーシアムに決定して、2019年度から新会社で事業を開始するスケジュールありきで着々と進められているのです。市民の声の反映や十分な議論、説明は欠かせないにも関わらず、相変わらず民間企業の競争に支障を来すなどと具体的な事業の内容は開示されないまま、12月末に75％の株式の譲渡と運営権の設定に対し90億円という対価で、大津市と新会社「びわ湖ブルーエナジー」との間に契約が締結されました。90億円という破格の収入の使途は、現在経済産業省と協議しています。どのように市民に還元していくのか、注意深く監視

していかねばなりません。

　さらに今後注視すべきは、新会社の経営状況のモニタリングはもちろんのこと、新会社には、ガス事業と一体的に行っている本市水道事業の緊急保安にかかる業務や修繕、維持点検等の業務を委託することになっており、水道法の改悪による水道事業へのコンセッション方式の導入が目論まれていることです。大津市の上水道事業において、すでに浄水場の整備・管理運営はデザインビルド方式を用いた包括外部委託が進んでおり、職員の技術継承やモニタリングの有効性など深刻な課題が山積しています。また企業局が行うガス導管事業が託送料の収入によって安定的な運営ができるのか、耐震化や設備の維持・更新がこれまで通り適切に行われるのか、新会社へ派遣される市職員の雇用の問題など心配されることが残されています。越直美市長は、マスコミへのコメントでも水道事業での官民連携への積極的な姿勢を明らかにしており、見過ごすことはできません。上下水道やガス事業という公営事業は、将来的にも安定的で持続可能な事業運営を行う必要があります。公営、直営でこそ、住民のための事業を住民福祉向上の立場で、職員が自分の仕事として見直すことができる強みがあります。市民のみなさんが市民の財産として守ってきた公営事業は、公営を堅持し、安易な民営化は撤回すべきです。

Ⅱ　水をめぐる広域化・民営化の論点

1

上水道インフラの更新における広域性と効率性

中島正博

　清浄にして豊富低廉な水の供給を図るためにも、10年単位で考えるべき施設建設や更新の計画の検討は必要です。一方で、水道施設更新計画を契機に、広域化や効率化、民間活用の計画があります。本稿では、水道施設の「老朽化」の一般的状況についておさえたうえで、水道事業における広域化、効率性について論点を整理します。

1　「朽ちる水道インフラ」は本当か

　根本祐二によれば、主要水道管の非耐震化率の全国平均は70％であり、山梨県など90％の耐震化を終えている県もあるが、最低の神奈川県では35％程度だということです[*1]。また、今後上水道管の更新には57兆円、年間1.1兆円の投資規模が必要だとされます。

　厚生労働省資料によれば、昭和20年代以降の水道事業の投資額と普及率の上昇は図表1-1のとおりです。これについて、厚生省は2000年頃には、「水道への投資額は、その普及整備とともに増加し、近年は、年間1.2～1.6兆円で推移している。投資額の推移では、広域化に関する水道法改正が行われた昭和50年前後に1回目のピークがあり、『ふれっしゅ水道計画』の策定、高度処理など質的改良への補助制度の創設が行われた平成年代に2回目のピークがある[*2]」という認識でした。

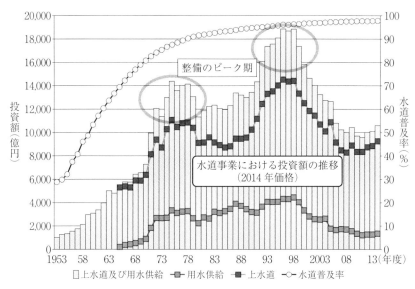

図表 1-1　水道の普及率、水道事業における投資額の推移

注：原典は『水道統計』2014 年。
出所：本書「プロローグ」の図表を再掲。

　年間 1.1 兆円の投資規模は大きくみえますが、10 年前の投資規模は
その程度ありました。また、近年は上水道事業のうち配水施設の建設
費の割合が高くなっていて、配水管路の更新はそれなりに進んでいる
ようです。「水道統計」の原資料では、水道施設ごとに建設費が集計さ
れており、それをみると（図表 1-2）、たしかに、配水施設が水道建
設費の大部を占めているものの、1970 年代のピーク時は、上水道の浄
水施設、用水供給事業がそれなりの比重を占めており、1990 年代のピ
ーク時は、上水道、用水供給事業ともに浄水施設や「その他の施設」
が大きくなっています。人口増の傾向にも地域・自治体ごとの違いが
あり、一律に水道インフラが整備されてきたことではなさそうです。
　また、図表 1-3 は、2015 年 12 月 24 日開催の厚生労働省第 5 回水
道事業基盤強化方策検討会に出された資料の一部です。人口規模別に

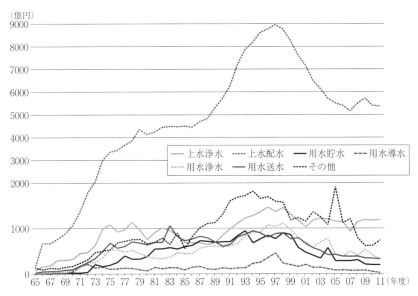

図表1-2　水道施設ごとの建設事業費の推移

注：2000億円以下のところは見やすくするため間隔を広げている。
出所：『水道統計』各年版より作成。

更新化率と老朽化率が図示されています。図をみる限り、事業ごとに格差が大きく、相関も全くありません（R^2の数値がきわめて小さい）。つまり、老朽化の対策が必要であるかもしれませんが、それは、オールジャパンの傾向ではなく、特定の自治体の問題なのです。また、図は省略しますが、同資料によると、水道料金で「将来の投資費用確保」をしているかの傾向も［給水収益－（営業費用＋支払利息）／有収水量］を計算することで検討されています。その図をみる限り、水道料金と「将来の投資費用」の間には相関がありそうになく、水道料金を安く抑えているから「将来の投資費用」を確保していないとはいえそうにないのです。

　もともと、水道事業は、当該地域の人口や企業等の立地といった需

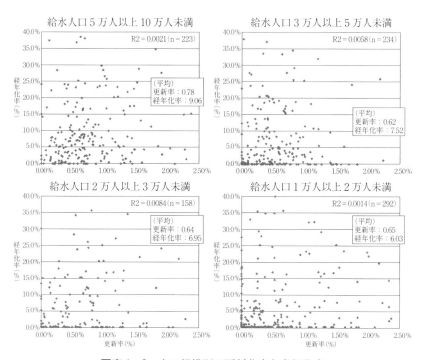

図表1-3　人口規模別に更新化率と老朽化率

注：原典は『水道統計』。
出所：http://www.mhlw.go.jp/file/05-Shingikai-10901000-Kenkoukyoku-Soumuka/0000111744.pdf
　　　より転載。

　要側の視点から整備されます。同時に、水系など地理的な側面によっ
ても変わりえます。自己水源だけで区域内の水需要を賄えない区域も
あります。その結果、水道料金は格差が顕著で、市町村によって6倍
の格差があるとされます。[*3]格差があるのは、それなりの理由があるの
です。

　以上みてきたように、水道施設の老朽化についても、そもそもの水
道料金の格差についても、その地域、自治体によって差異が大きいこ
とが予想され、その地域の実情をみていくことがまず必要です。

2　水道インフラの広域化・民営化をめぐる論点

　本節ではこれまでの水道事業の「広域化」の考え方を整理しておきます[*4]。

　水道法（1957 年）は、明治の水道条例（1890 年）以来の伝統をうけつぎ、市町村公営主義を原則としています。広域化の動きは、人口が小規模だからというよりも、人口流入や企業立地により水需要が課題になったところを中心に戦前から行われていました。これまで、東京市水道（1898 年）にはじまり、旧笠之原水道企業団（1924 年。現在の鹿屋串良水道企業団）や阪神上水道市町村組合（1942 年。現在の阪神広域水道企業団）など、戦前から行われてきました。現在、末端給水事業では、52 事業（2005 年時点）で広域化が行われています。ただし、平成の市町村合併で減少傾向です。

　いうまでもなく人口移動が顕著になったのは昭和年代です。1968 年、生活環境審議会「水道の未来像とそのアプローチ方策に関する答申」では、水源開発と安定的な水の供給を目的に、全国をいくつかのブロックに分ける広域化を提言し、実際には、1 府県を数ブロックに分けることにより、70 計画が策定されたといいます（日本水道協会『水道広域化検討の手引き』2004 年）。

　これについて、太田正は、「水資源開発を可能にしたこと、それを軸にしつつ水道の普及に貢献したこと、経営規模の拡大による能率的経営が実現したこと、といった評価がされている。一方の「課題」については、次のような諸点が指摘されている[*5]」としています。

　①水源開発の達成または不要により広域化の目的が失われ、水源から蛇口までの一貫体制が実現できず、理想に近づくことができなかった。

②施設統合が広域水道の認可要件とされ、「ハードの一体化」ができない場合は広域水道の対象から外されたことから、そこまで辿り着けない技術的・経営的な課題を有する脆弱な事業体が取り残されることとなった。

③いわゆる責任水量制（開発した水資源量については実際の水使用量にかかわらず受水団体が経費負担することを義務づけるもの）をめぐり、受水事業体の経営が圧迫されるようになった。

太田正がこのように述べているように、水道事業の広域化は、人口移動にともなう水需要の増大にあわせて進められてきたのです。たしかに、1966年段階では用水供給事業は15事業所しかなかったのですが、10年後の1976年には64事業所まで増えています（事業所数だけではなく、図表1－2でも1970年前後の用水供給事業の建設費が増加していることは明らかです）。水需要の拡大に見合う供給体制を整備するのに手いっぱいであったものと思われます。

昨今、人口減少時代に突入します。企業活動も、かつてほどの勢いはみられないところも多い。水需要の減少に応じた水道事業の将来像が求められるのではないでしょうか。

厚生労働省においては、2004年6月の「水道ビジョン」[*6]（2008年に改定されています）をさらに改正し、2013年3月に「新水道ビジョン」[*7]をまとめました。

新水道ビジョンでは、人口減少という時代や環境の変化に対応して、水道ビジョンにおいては「安心、安定、持続、環境、国際」という5つの長期的な目標を定めていたのを、「安全、強靱、持続」という3つに収れんさせています（環境や国際は項目としては掲載されています）。水質の安全性の確保については論をまたないのですが、ここでは、「安心」や「持続」の箇所で触れられている「広域化」についての内容の変化をみておきます。

　水道ビジョンにおいては、「地域の実情を勘案し、市町村域、広域圏域を越えた経営・管理等の広域化を進めるとともに、コスト縮減を行いつつ、官民それぞれが有する長所、ノウハウを活用し、施設効率、経済効率のよい水道への再構築を図り、持続可能な水道システムを支える基盤を強化する」という問題意識を背景に、「施設は分散型であっても経営や運転管理を一体化し、経営や運転管理レベルの向上に資するような、いわば集中と分散を組み合わせた水道システムの構築が考えられます。このため、地域の自然的社会的条件に応じて、施設の維持管理を相互委託や共同委託することによる管理面の広域化、原水水質の共同監視、相互応援体制の整備や資材の共同備蓄等防災面からの広域化等、多様な形態の広域化を進める」こととされていました。あくまで、施設効率や経営効率を求めるための広域化でした。

　ところが新水道ビジョンにおいては、「給水人口や給水量が減少した状況においても、料金収入による健全かつ安定的な事業運営がなされ、水道に関する技術、知識を有する人材により、いつでも安全な水道水を安定的に供給でき、地域に信頼され続ける近隣の事業者間において連携して水道施設の共同管理や統廃合を行い、広域化や官民連携等による最適な事業形態の水道が実現する」ことを問題意識に、「水源の安定性の確保、緊急時の水源確保に対応するため、<u>広域連絡管の整備</u>が進み、水道事業者間の流域単位での水融通や流域間での水融通も可能となり、渇水や事故時にも安定して水道水を供給することが可能となる」（下線は筆者）ことが理想とされています。「多様な形態の広域化」（水道ビジョン）ではなく、管路でつなぐことが前提なのです。そのうえで、小規模な人口の地域に対しては、「人口減少によって、給水区域内に小規模な集落が散在して残存する状況において、当該集落の給水規模や基幹施設からの距離を勘案し、当該集落と基幹施設を管路で連結するのではなく、基幹施設からの運搬給水や移動式浄水機で対

応する等、新たな供給形態の在り方を検討する」こととされています。

　なお、「水道事業者、民間事業者のそれぞれが水道に携わる人材の育成を計画的に進め、それぞれの専門性を有する人材が確保されている」ことも理想とされていることも記憶されておいてよいでしょう。以下にみるコンセッション方式を導入したとしても、丸投げするのではなく、水道事業者として人材の育成と確保が必要だとしています。

　水道を所管する厚生労働省の新水道ビジョンをうけ、水道事業は各自治体において公営企業として運営されていることもあり、総務省において「公営企業の経営のあり方に関する研究会」が設けられ、2017年3月に報告書がまとまっています。[*8]　総務省も厚生労働省と同様に、引き続き「広域化」を進めようとしています。

　総務省報告書によると、まず「見える化」として、「経営の現状・課題を的確に把握し、地方公共団体内部で共有するとともに、議会・住民等に対して、現状及び将来の見通し等について説明責任を果たすこと」が必要だとしています。そのうえで、水道事業（及び下水道事業）については、「資産の規模が大きく、住民生活に密着したサービスを提供していること、事業主体としての地方公共団体の位置付けが法定されていること、人口減少等に伴う料金収入の減少や更新需要の増大等の影響を強く受けることが全国的な共通課題であることから、改革の方向性として、事業廃止・民営化ではなく、広域化等及び民間活用を検討し、改革の具体的な事例等を参考として、改革の方向性に関する類型を示しつつ、検討に当たっての留意点について整理を行う」（下線は筆者）方向となっています。

　そのための改革の具体例として、広域化等に関しては、事業統合、施設の共同設置、施設管理の共同化、管理の一体化の4類型が、民間活用に関しては、指定管理者制度、包括的民間委託、PPP/PFIの3類型が整理されています（図表1-4）。こうした事例検討を受け、改革の

類型			主な事例	主な効果					
				経費削減	更新投資削減	スケールメリット	人材育成人員強化	維持費削減	ノウハウ活用
広域化等	事業統合	水平	群馬県東部水道企業団	○	○		○		
		垂直	香川県	○			○		
	施設の共同設置		熊本県荒尾市＋福岡県大牟田市		○			○	
	施設管理の共同化		北奥羽地区水道協議会			○	○		○
	管理の一体化		北九州市			○	○		○
民間活用	指定管理者制度		高山市					○	○
	包括的民間委託		坂井市					○	○
	PPP/PFI		夕張市					○	○

図表1-4 改革の事例と主な効果

出所：総務省研究会報告書より作成。

　方向性としては、広域化等については、「各事業者が、地域の実情に応じて、適切な広域化等の形を選択することが望ましいが、改革の先行事例で見てきたように、広域化等の類型の中で、経費・更新投資の削減、水源の一元管理や管理体制強化による水の安定供給、人材育成等の点から、事業統合に最大の改革の効果が期待できるため、各事業者は、事業統合も視野に入れて広域化等を検討する必要がある。また、これまでの事業統合をはじめとする広域化等の先行事例を踏まえれば、長い時間とプロセスを要することから、早急に検討を開始することが必要である」（下線は筆者）とされています。

　このように、従来から、一般的には「広域化」のメリットはスケールメリットがあるからとされてきましたが、今後の人口減少時代にあわせた「更新投資の削減」が期待されているのです。本書の秩父地域の事例でみるように、更新に際しては全施設を更新しないことが投資

縮減の意味なのです。「広域化」の主たる目的は広域化・スケールメリットによる経費削減よりも、事業を統合したり、施設の共同設置によって更新投資を削減したり、そもそも更新をしない地域があってもよいこととすることが目指されているのです。

また、「民間活用は、<u>単なる短期的なコストダウンの手法というだけでなく</u>、『民』の有する優れた技術やノウハウを積極的に活用する点にも意義があることから、指定管理者制度や包括的民間委託の活用のほか、コンセッションを含む多様なPPP/PFIの活用を積極的に検討するべきである」（下線は筆者）とされています。すでにコストダウンは主な目的ではありません。行政改革は水道事業分野にも及んでおり、公営の人員のなかで技術が伝承されていないことは問題です。この点で言えば、清水優貴の指摘するように、北海道穂別町〔（2006年に鵡川町と合併し、むかわ町に）の簡易水道事業〕は、水道技術者の退職にともない2003年から第三者委託が実施されてきましたが、「経費削減を主目的として導入されるのではなく、人的資源の確保といった含意が強い」[*9]とされています。広域化や民間委託は、技術をもった人員確保のための手段として住民合意で選択することもあるでしょう。しかし、図表1-4にまとめておいたように、技術の継承は、「広域化」効果としては取り上げられてはいないのです。[*10]

3　水道事業の広域化と効率化

実際にすすめられる広域化の事例を、秩父市、横瀬町、皆野町、長瀞町、小鹿野町の1市4町の水道事業の統合を行った秩父水道の事例をみてみましょう[*11]（本書Ⅰ-7参照）。

広域化による効果をみると、「現況施設を新たに設定した更新基準で更新する」と2065年までに1036億円の費用がかかるが、広域化す

ることにより917億円ですむという試算がされています。詳しくみると、人口減少するので現在47取水施設のうち15施設、41の浄水場のうち15場を廃止できるとしての試算です。1036億円－917億円＝119億円は人口減少による効果であって、広域化による効果ではありません。しかも、人が住んでいる限り水道は引かなければならないわけで、水道施設を廃止しても水を回すために113億円かけて広域化のための施設整備を行うのです。秩父地域では、「広域化」のために、小鹿野町（人口約1万2000人）と横瀬町（人口約8000人）のメーンの水源が放棄されます。両町とも標高としては高い地域であり送水管と配水池を新設します。小鹿野町に対しては、標高400mの尾根を越える送水管を建設するのです。

　広域化には国庫補助金があることがメリットだとされているのですが、単独での更新についても補助制度（たとえば、水道管路耐震化推進事業）が十分にあれば、わざわざ広域化するまでもないはずです。

　なお、いうまでもなく、水系など地理的な条件から広域化することによって水需要が満たされる地域はあるとは思われます。また、水源地域の災害等によって、十分な水が従来の水源からは取水できないこともあるでしょう。昭和の時代と同様、水需要を満たすためにあえて割高になることを甘受して、広域化することもあるでしょう。しかし、多くの地域は人口減少、水需要減少なのであって、ダウンサイジングな更新に切り換える必要があります。

　ダウンサイジングな更新をするとどうなるか。そこで、水道事業の効率化について考えてみることにします。[*12]

　まず、水道事業は装置産業であり、一般には規模の経済が働き、人口が多いほうが1人あたり単価は低くなると考えられるところです。[*13]しかし同時に、水質や水系など地理的な影響を大きく受けます。水源の水が汚れていれば浄水に費用がかかるし、水は高いところから低いと

ころに流れるわけで、「逆流」させるためにはポンプアップなどの「余分」な経費もかかります（そうでなくても、蛇口から水を出すためにかなりの水圧をかけています）。水系を無視した広域化をしても、「規模の経済」よりも「余分」な経費がかかることもあるでしょう。それでも、先にみたように昭和の時代には、人口移動と経済活動の見込みもあって、水需要に対処するため広域化することも必要でした。ダムからの受水はコストが高くなる[*14]ことが多いのですが、それでも需要を満たすことが必要だったのです。

　私たちが「効率化」を意識するのは、やはり水道料金です。そこで和歌山県内の市町村の水道料金の一覧を図表1－5にまとめてみました。和歌山県下の市町村の場合、県による、あるいは広域的な用水事業はなく、基本的に自己水源を活用しています[*15]。

　水道料金は、どの項目と関係が高いかをみてみます（相関係数という指標を使います。エクセルで簡単に計算することができます）。表をもとに給水人口や人口密度との相関係数を計算すると、それぞれ、－0.119、－0.178でした。相関係数の絶対値が0.1程度なのでほとんど相関はないといってもよいですが、符号がマイナスですので、人口が多いほど料金は安い（規模の経済が働いている）、また、人口密度が高いほど料金は安い（人口集積しているほうが安い。逆に広域化すると料金は高くなる）ことはいえそうです。

　また、水道料金と給水原価との相関係数は0.846ととても強い相関があります。給水原価が高いところは水道料金も高くなるのです（正確には、相関係数は2つの数字の関連だけを表し因果関係は考えないのですが、原価が高いと料金が高くなるという当たり前のことです）。経常収支比率との相関係数は－0.506、料金回収率との相関係数が－0.430となっており、相関があるといえます。経常収支比率は経常的な収益で経常的な費用をどの程度賄っているかを測る指標で、簡単に言えば

	料金	給水人口	給水人口密度	経常収支比率	料金回収率	給水原価	有収率	管路経年比率	管路更新率
和歌山市	2,484	356,973	1698.1	110.24	155.41	155.55	82.89	13.73	0.49
海南市	2,805	46,005	979.5	107.92	103.99	155.73	80.49	8.47	0.34
橋本市	3,560	63,690	1042.6	114.84	112.03	156.71	85.40	8.82	0.22
有田市	2,052	29,491	1530.4	105.29	104.47	98.34	83.77	15.49	0.45
御坊市	2,375	24,410	555.7	120.90	121.01	120.96	86.22	10.99	0.48
田辺市	2,160	63,907	2206.0	119.08	118.00	128.76	85.77	15.36	0.71
新宮市	2,700	28,452	3327.7	118.52	119.21	140.93	88.80	34.01	0.31
紀の川市	2,980	58,909	483.1	111.19	103.06	156.35	81.90	0.00	0.44
岩出市	2,370	53,544	2141.8	114.03	118.06	107.21	88.19	5.88	0.00
紀美野町	3,218	5,072	361.8	108.50	106.26	156.65	93.10	49.83	1.75
かつらぎ町	3,330	16,304	348.9	126.32	116.52	159.11	80.14	8.12	1.16
高野町	3,920	2,362	1399.4	121.28	119.45	210.59	81.95	87.21	0.00
湯浅町	2,393	15,145	640.7	97.90	95.89	145.19	79.20	57.09	0.24
有田川町	3,130	16,048	515.7	134.61	130.05	127.45	82.79	34.46	1.84
美浜町	2,278	7,514	587.5	108.33	103.38	122.90	90.87	11.68	1.10
日高町	3,641	7,906	171.2	94.64	86.72	261.09	84.56	8.71	0.20
由良町	3,904	6,145	210.6	119.24	117.77	203.17	88.79	28.81	0.13
みなべ町	1,664	7,543	513.1	137.14	141.41	87.20	88.75	64.65	2.07
白浜町	1,070	20,874	497.6	113.61	106.21	50.84	84.87	30.95	0.53
上富田町	2,160	15,513	270.4	142.44	145.33	52.46	83.84	64.73	1.34
すさみ町	2,862	2,727	109.1	106.08	106.77	142.30	73.63	33.15	0.29
那智勝浦町	2,840	12,004	242.5	98.13	94.94	189.07	63.38	33.86	0.25
太地町	2,860	3,268	1040.8	118.11	118.91	135.58	57.68	4.51	0.00
串本町	3,426	17,029	248.0	102.55	100.95	187.53	71.13	5.87	0.72

図表1-5　和歌山県市町村の上水道会計の経営指標（一部、2015年）

注：料金は家事用20m³使用の場合の月額（円）。消費税込み。

出所：和歌山県ウェブサイトより作成。http://www.pref.wakayama.lg.jp/prefg/010600/03_zaisei
　　　/keieihikaku/H28/index.html

100 を超えていると黒字と考えることができます。それとの相関係数がマイナスということは、黒字が多いところは料金が安いということです（相関係数だけでは因果関係はわからないので、料金が安いところは黒字であるという解釈もできます）。料金回収率とは、供給原価／給水原価で計算され、100％ を下回っていると、水道料金以外の収入で供給原価を賄っていることになります。たしかに給水原価が高いところは料金回収率も低くなっています。これは地方交付税（基準財政需要額）の計算で、給水原価が高い自治体には高い水道料金を引き下げるための水道事業会計に繰り入れる資金（高料金対策といいます）[*16]が含まれていて、一般会計から水道事業会計に繰り入れがなされているからです。

　意外なところでは、水道料金と管路更新率（老朽管をこの 1 年間でどの程度更新したか）の相関係数は、−0.242 となっていて、マイナスの弱い相関がみられます。更新工事をしていないところほど水道料金が高いのです。単年度なので関係性はむずかしいですが、工事費がただちに水道料金に影響していないのかもしれません。

　以上のように、給水原価と経常収支比率、料金回収率以外の指標との相関係数は低く、あまり考えなくてもよい程度なのです。とりわけ水道料金は給水原価でもって決まると考えてよいのです。

　給水原価には、先に太田正の指摘する「責任水量制」も含まれており、広域的な用水供給事業から受水する場合には水道料金が割高になることがいわれています。効率化の指標を水道料金ではかるとして、いかに給水原価を引き下げるか、が効率化の目標となるべきでしょう。

4　水道事業の民間活用の目的と実際

　民間活用手法のなかで「コンセッション」方式という耳慣れない単

語がでてくるようになりました。「公共施設等運営権制度」と訳される
ことが多いですが、重要なのは「運営」であって、施設管理部分がど
うなるかということです。

　この点について積極的に検討したものに、鈴木文彦の文献がありま[*17]
す。

　これによれば、水道事業にコンセッション方式を導入すると、「それ
まで水道事業者であった地方公共団体は水道法第11条によって事業の
廃止の申請をすることになる」一方、コンセッション事業者が、水道
法第6条第1項にもとづく「水道事業者」として厚生労働大臣の認可
を受けることになります。「コンセッションは業務委託の延長ではなく、
『所有と経営』の文脈による経営の委託である」からです。水道施設の[*18]
所有権もコンセッション事業者に移り、当然に、新設の場合の経費に
くわえ、これまでの建設費の負担もコンセッション事業者が負うこと
になります。

　ところが、今日の企業経営環境では、資産の大小よりも、キャッシ
ュフローが重視されています。しかも、水道事業に限りませんが、イン
フラ整備費は膨大な初期投資がかかっています。そこで、コンセッシ
ョン事業者をなんとか身軽にしたいと考えたのでしょう。鈴木は、コ
ンセッション事業者に「所有と経営」が移っても、水道施設そのもの
は、「住民の福祉を増進する目的をもってその利用に供するための施
設であるには変わりなく（略）『公の施設』であり続ける」という主張[*19]
を用意します。市民会館等の「公の施設」には、所有権が自治体にな
くてもよいと解釈されているところです。水道施設は引き続き「公の
施設」であるなら、自治体のところで、「施設保有と債務返済を業とす
る『水道事業』が企業会計を適用することで、市と民間事業者双方に
分離する事業会計の連結や比較が容易になり」、さらに「単に施設保有
するだけでなく、施設整備の方針決定と事実上の決定権限が地方公共

団体に残る（略）『上下分離方式』の場合、上下に分離した経営機能の
うち『下』の部分、いわゆる設備計画決定権を担っていると言え」る
として、水道事業者としての役割も果たすことができるとしています。

　結局のところ、コンセッション方式の下では「上下分離方式」が目
指され、莫大な固定費のリスクから民間事業者は解放されます。しか
も自治体は現場を知らなくなるので、コンセッション事業者のいいな
りの施設計画を立案し、決定し、水道料金のかたちで市民・利用者に
負担させることになるのです。すでに、「民営化にコンセッション方式
の活用を検討している大阪市のケースにおいては、民営化後も施設の
新設、ダウンサイジングによる撤去など運営権の範囲に含まれないも
の、長期の施設整備方針策定などの業務が大阪市に残る[20]」のです。

　このような「上下分離方式」を可能にするように水道法改正が第193
回2017年の国会に提出、継続審議となっていましたが、2018年12月
に可決され、2019年10月1日に施行されました。

　今回の水道法改正では、市町村の区域を超えた広域的な水道事業者
等の間の連携等を推進することを都道府県に求めています（第2条の
2第2項）。2019年1月には、総務省と厚生労働省は連名で、「水道
広域化推進プラン」の策定を都道府県に求めました。これは直接には
上下分離方式など民間活用を意識したものではありませんが、都道府
県ごとに、市町村水道事業の老朽化等を現状把握し、広域化の効果を
シミュレーションする計画を策定するものです。和歌山県においては、
2019年6月の「水道ビジョン」において、2022年度末までに5圏域に
分けた「水道広域化推進プラン」を策定することとなっています。

5　水道インフラの更新計画のために

　国土交通省においても公共施設の更新のあり方を検討しており、「ま

ちづくりのための公的不動産（PRE）有効活用ガイドライン」（2014年）として発表されました[*21]。公共施設（いわゆる箱物）の老朽化と更新にあたって、まちづくりの観点で市民参加のもとで計画をつくるという趣旨です。市民参加で決めることは多いに意味があります。

　PRE ガイドラインでは維持コストをふくめ費用化を意識することを強調します。施設のコストをどう考えるかはたしかに大きな論点です。

　一部の経済学では、当該用地を当該公共施設以外に活用すればコレコレの収益を上げられるのに、その機会を見逃しているという意味で用いられる機会費用も勘定に入れるべきと主張する向きがあります。ただ、多くの公共施設は、売買不能の行政財産です。機会費用をコストとして判断材料とするのは理解できません[*22]。

　また減価償却費をどう考えるかについても、意見が分かれます。減価償却費は、使用に伴って年々価値を減らしていく資産価値が減少した部分をコストとしてとらえるもので、通常の株式会社であれば、事業の継続性から、減価償却費相当額を積み立てておいて（その分資産が増えるが、減価償却と同額であるので損益計算上はプラスマイナスゼロである）、将来の更新の費用の一部とすることが想定されています。

　ところが、住民は受益に応じて負担をするとともに、当年度の経費は当年度の収入でまかなうという単年度主義を標榜する財政学の王道からは、減価償却を更新費用の積立として考えることは、20 年、30 年先の費用を前払いで負担するという考えになり、抵抗があります。インフラや施設整備には地方債を起債することができるわけで、起債の償還を通じて利用する世代が負担することが適切だという意見もあります。また、人口減少社会であるから、少なくても量的には同規模の施設の更新は必要ではありません。

　これらも含めて理解を深め納得することが、住民参加です。この点で、住民の関心事は、まずもって水道料金でしょう。先に和歌山県内

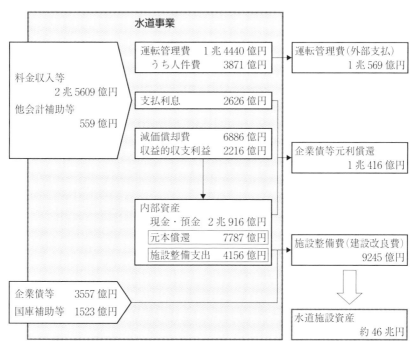

図表1-6　水道事業（全国）の財政構造（2010年度決算）

出所：熊谷和哉『水道事業の現在位置と将来』水道産業新聞社、2013年、92頁。

　の市町村の事例をみましたが、水道料金は、ほぼ給水原価によって決まるのです。給水原価をいかにして効率的にするか、を考えなければなりません。

　そこで、まず、水道事業会計の規模と構造について考えてみましょう（図表1-6）。先述したように、水道事業会計のうち、いわゆるランニングコストは運転管理費1兆4000億円程度です。ランニングコストは、大きくは浄水にかかる（水をつくる）経費と、水を配るために水圧を確保するための経費（ポンプ等）からなりますが、後者の方が大きいといいます。資本収支部分にあたる建設・維持管理には、料金収入から4156億円と起債3557億円、国庫補助金1523億円をあわせて

9245億円が投資されます。1兆円余が起債の償還に充てられています。

　このように、水道事業会計の過半は、建設にかかる経費とその償還であり、水道料金を安くするためには建設費をいかに抑えるかが焦点となります。前述したように、昭和の時代は水需要の増加に対応するため、コストを考慮しないケースもあったでしょうが、今日、水需要が減少傾向である以上、施設のダウンサイジングも検討の余地があります。この意味では、将来的な水需要の減少にあわせて、既存の浄水場や配水場などの施設を廃止する選択肢はありえます。

　住民参加で水道料金のあり方を決めるからこそ、住民の熟議が必要なのです。しかも、インフラ整備は、この先、20年、30年使用可能な設備投資を前提とします。

　矢根眞二は、大阪府内で大阪市以外の市町村水道事業に用水を供給している大阪広域水道企業団の更新計画を分析し、老朽化対策については具体的な計画にならない理由を、「更新投資も『水道料金でやるしかない』のだとすれば、その更新速度が受水側でもある42市町村との合意時期や内容に依存する複雑な問題だから」であるとします[*23]。老朽管の更新は進めるべきだが、その費用負担は市町村水道料金に転嫁したくない、という政治的な事情が見え隠れするというのです。

　奈良県営水道の広域化のケースでは、県営水道への100%水源転換については、「県水100%に転換した場合と自己水を残した場合の比較による経営シミュレーションを県独自で実施し、いわば水道事業基盤整備強化に向けた『処方箋』を県で作成して受水24市町村に提案」したところ、2011年には県営水道の受水は5市町村でしたが、15市町村が県営水道を受水する見込みだそうです[*24]。

　水源をどうするかも含めた地理的要因も考慮に入れた、水道計画と更新計画が必要です。その検討をするなかでは、地理的条件からみて広域化によるほうが効率的になる地域もあると思われます。また、一

般に給水人口が 5 万人という採算ラインがいわれるものの、それ以下の人口で効率的な水道事業の経営ができる地域もあるでしょう。

　水道事業の会計は、公営企業会計にのって計上され、基本は独立採算です。更新には費用がかかりますが、更新前にせよ、更新後にせよ、水道料金のかたちで負担をするのは住民・利用者です。住民・利用者の責に帰さない地形上の問題による水道料金の割り増しを少なくするための一般財源が必要なケースもあるでしょう。負担は少なければ少ないほどよいのは人情ですが、必要な負担を納得するためにも、情報を公開・共有し、住民も学習につとめ、熟議を経ることが必要です。

　本稿では、まず、水道施設の老朽化についておさえたうえで、水道事業における広域化、効率性について論点を整理しました。広域化は、従来はスケールメリットというよりも都市への人口移動による水需要の拡大に対処するために求められたが、今後の水道事業の広域化は、設備の更新経費の削減のために持ち出されたものです。事業の効率化といった場合、住民感情としては、水道料金が低廉であることが関心ですから、和歌山県内の主に自己水源を利用している水道事業について分析したところ、給水原価が水道料金の決定要因であることがわかりました。したがって、広域化や効率化は給水原価をいかに抑えるかという観点から、地域の特性を踏まえた水道計画を考えることが必要であると結論づけました。

参考文献

1　太田正「水道広域化の動向と事業構造の再編」『水資源・環境研究』vol.25、2012 年。

2　熊谷和哉『水道事業の現在位置と将来』水道産業新聞社、2013 年。

3　清水優貴「市町村合併に伴う簡易水道事業の統合に関する研究―北海道む

かわ町における簡易水道事業を事例に」『和光経済』46 巻 1 号、2013 年。

4 鈴木文彦「水道事業のコンセッション方式 PFI をめぐる論点と考察」『大和総研重要テーマレポート』2014 年。https://www.dir.co.jp/consulting/theme_rpt/public_rpt/water/20140318_008338.html

5 総務省「公営企業の経営の在り方に関する研究会」報告書、2017 年。http://www.soumu.go.jp/main_content/000473607.pdf

6 ダイヤモンド社『週刊ダイヤモンド』2017 年 7 月 29 日号。

7 内藤伸浩『人口減少時代の公共施設改革』時事通信社、2015 年。

8 中山徳良『日本の水道事業の効率性分析』多賀出版、2003 年。

9 日本水道協会『水道協会雑誌』2017 年 9 月号。

10 根本祐二『朽ちるインフラ』日本経済新聞社、2011 年。

11 矢根眞二「大阪の上水道供給問題」『桃山学院大学総合研究所紀要』41 巻 2 号、2015 年。

注

1 根本、参考文献（以下、文献）10、52 頁。

2 第 4 回水道ビジョン検討会（2003 年 11 月 4 日開催）資料より。http://www.mhlw.go.jp/topics/bukyoku/kenkou/suido/4/siryou13.pdf

3 ダイヤモンド社文献 6、121 頁。

4 以下の記述は、太田文献 1 を参照しました。

5 太田文献 1、27 頁。

6 http://www.mhlw.go.jp/topics/bukyoku/kenkou/suido/vision2/dl/vision.pdf なお、水道ビジョン改訂版は、http://www.mhlw.go.jp/topics/bukyoku/kenkou/suido/vision2/dl/01.pdf

7 http://www.mhlw.go.jp/seisakunitsuite/bunya/topics/bukyoku/kenkou/suido/newvision/newvision/newvision-all.pdf

8 http://www.soumu.go.jp/main_content/000473607.pdf

9 清水文献 3、52 頁。

10 もちろん、スケールメリットによる経費削減効果も見込まれています。『水道協会雑誌』2017 年 9 月号では、「水道事業の広域化」が特集されており、例えば、青森県八戸市等の北奥羽地区水道協議会では、「施設能力」や「水源の余剰」を活用する「施設の共同化」とともに、個別の事業で民間委託によ

り行われていた「水質データ管理の共用化」、保守点検等の「施設管理の共同化」、事務処理「システムの共同化」が行われています。これなど、広域化・共同化による規模の利益が発揮されているといえるでしょう。また、同号の奈良県の事例では、簡易水道の地域については、県営水道による受水をする広域化を選択しない自治体にも、県営水道の人材、技術力を活用した支援を行うこととされています。

11　http://www.mhlw.go.jp/file/06-Seisakujouhou-10900000-Kenkoukyoku/0000105284.pdf

12　近代経済学の手法を駆使して、水道事業の効率性を分析したものに、中山文献 8 があります。その問題意識は、全国的に給水原価が供給単価を上回っている（独立採算ではなく、一般会計からの補てんを必要としている）こと、水道法により地域独占が保障され競争状態にないことから、経済学の観点からの非効率性が認められるかを確認しようとするものです。検討の手法によって若干の差があるものの、技術効率性、配分効率性の非効率性が認められるとしています。一方、規模の経済は認められず、密度の経済（集積の利益のことと思われる）が認められるとしています。なお、文献 8 以降も、さまざまに実証研究が積み重ねられており、必ずしも何が効率化につながるかの正解が解明されていないようです。

13　水道事業全体では、約 2 兆 5000 億円の料金収入に対し、「施設整備負担（設備投資 − 減価償却）」が 1 兆 5600 億円と 6 割をしめ、資産は 46 兆円にのぼっています。

14　熊谷文献 2 によると、ダムについては「身代わり建設費割」という負担方式で、治水、農水、上水、工水、発電とそれぞれが単独でダム建設を行った場合の建設費用を合算し、それに占める各々の利水の割合をもって負担することとされ、「その容量と関係なく、造ることそれ自体の大きな建設コストがかかります。そのため、小規模利水者ほど建設単価（単位費用当たりの建設費用）が上がる傾向にあります」（192 頁）とされています。なお、導水路については水量費割であり、規模による単価への影響が基本的にないとされています。

15　上富田町と白浜町が田辺市に給水しています。また、紀美野町、有田川町、みなべ町、串本町は合併前の自治体の区域において簡易水道が運営されおり、両者の料金は統一されています。

16　熊谷文献 2、100 頁。

17　鈴木文献 4。

18　同前、3 − 4 頁。

19　同前、19 頁。

20　同前、6 − 7 頁。

21　内藤文献 7。

22　自治体は、収益を上げることが可能な普通財産も所有しています。普通財産の活用はおおいに図られるべきものであるし、行政目的とは関係性が薄くなった財産は、普通財産に転換することもあるべきです。しかし、現に利用されている施設はあくまで行政財産と考えられます。

23　矢根文献 11、12 頁。

24　水道協会文献 9、43 頁。

＊　本稿は、和歌山大学経済学部に在職していた時に、作成・脱稿したものであり、水道法改正など事実関係は追記したものの、現在の所属やポストからの見解ではない。

2

水道の民営化・広域化を考える

尾林芳匡

1　水道とは

(1)　水道法

　水道は、水を人の飲用に適する水として供給する施設です。水道法は、水道の布設及び管理を適正かつ合理的なものにし、清浄にして豊富低廉な水の供給を図り、公衆衛生の向上と生活環境の改善とに寄与することを目的としています（水道法1条）。この法律は、公衆衛生の維持と向上についての国の責任を定めた生存権保障（憲法25条2項）に基づくものであり、2018年改正で水道の「基盤を強化する」ことが強調されても、変わりません。

(2)　水道は生活と健康に欠かせない

　水道は国民の日常生活に直結し、その健康を守るために欠くことのできないものです。水道法も、水が貴重な資源であり、国や地方自治体は、水源、水道施設やその周辺の清潔を保持し、また水の適正かつ合理的な使用に関し必要な施策を講じなければならないと定めています（水道法2条）。生活と健康に必要不可欠な水について、水質確保や水利計画の策定等を、国や地方自治体に義務づけています。

⑶　地方自治体は地域の条件に応じた計画・国は技術的財政的支援

　ここで注意を要するのは、法は国と地方自治体の責任を、分けて規定していることです[*1]。地方自治体は、その地域の自然的社会的諸条件に応じて、水道の計画的整備に関する施策を策定・実施することと運営であるとしています。

　これに対し国は、水道の基本的かつ総合的な施策を策定・推進することと、地方自治体・水道事業者・水道用水供給事業者に必要な技術的財政的援助を行うよう努めなければなりません（水道法2条の2）。

　このように「地域の条件に応じた計画」を地方自治体の権限責任とした意味は、地方自治体こそ地域の地形や気候や水系および水道の管理状況を具体的によく把握し、合理的な計画を策定し、維持経営にも一次的権限をはたすにふさわしいという点にあります。

　また「技術的財政的支援」を国の責任とした意味は、国は地方自治体と対比して、地域の実情にきめ細かく対応することは困難ですが、生存権保障と公衆衛生の増進の観点から、地方自治体の技術力・財政力により清浄で低廉豊富な水の供給ができないなどの地域間格差が生じてはならず、国は技術面財政面から地方自治体の一次的権限を支えなければならないという点にあります。

　したがって、国が地方自治体の水道事業に技術的財政的支援をするに際して、地域の条件をふまえない計画を押し付けることは、あってはなりません。

⑷　2018年水道法一部改正と水道

　2018年水道法一部改正は、水道の民営化と広域化を推進することをねらっており、公共サービスを「産業化」しようとする政策の一環です。しかし、住民の生活にとって水が必要不可欠であるという性質に何ら変わりはないし、地域の条件に応じた計画でなければ安価な供給

ができないということも変わりはありません。また、憲法25条2項と水道法の根幹部分には、変更はありません。したがって、水道の民営化・広域化が議論される場合には、その前提として、水の本質的な性質と、憲法25条2項や水道法の基本理念について、よくふまえる必要があります。

2　水道事業は地方公営企業

⑴　水道と地方公営企業

　水道事業は、簡易水道を除き地方公営企業法の適用を受け、公共サービスでありながら、担当する事業体としての企業の組織、財務や従事する職員の身分取扱いなどに、地方自治体の公務公共サービス一般と比較して、特例が設けられています（地方公営企業法1条、2条1項1号）。ここでは、企業の経済性を発揮するとともに、その本来の目的である公共の福祉を増進するように運営されなければならないとされています（地方公営企業法3条）。

⑵　地方公営企業の特徴

　地方公営企業の制度としての特徴は、しばしば、一般の公務・公共サービスと対比して、経営や企業としての経済性発揮を追求する点にあるとされます。地方公営企業法は経営の基本原則として、企業の経済性発揮と公共の福祉を推進する（同法3条）こととされ、経費の負担の原則は「地方公営企業の経営に伴う収入をもって充てることが適当でない経費」「能率的な経営を行ってもなおその経営に伴う収入のみをもって充てることが客観的に困難であると認められる経費」は地方自治体の一般会計又は他の特別会計で出資、長期の貸付け、負担金支出等により負担し、その他は当該地方公営企業の経営に伴う収入をも

って充てます（同法 17 条の 2）。このうち、企業としての経済性発揮のみが強調されがちです。しかし、能率的な経営を行ってもその事業で採算をとることが困難であれば、一般会計からの出資や負担によることができるのです。[*2]

⑶　住民の福祉と健康に対する地方自治体の責任と「経済性」

　地方公営企業は、本来、企業としての経済性を発揮しつつも住民の福祉・健康などを推進する使命を持っているのであり、経営効率や独立採算性のみを一面的に強調するべきではありません。

　水は、住民の生存と健康に直結するものであると同時に、とくに製造業において、工業用水などで大量の需要がある場合もあります。このような場合には、住民の生存と健康に必要な量を超え、工業用水などに用いられる部分は、ある種の商品としての性格を持ちます。地方公営企業法は、このような部分については、経済活動として販売することを許容しています。しかしだからといって、住民の生存と健康の保障に直結した「いのちの水」と、商品としての工業用水の供給も念頭に企業としての経済性を発揮すべき部分とを、混同すべきではありません。

　たとえば、企業としての投資の性格を持つ巨大ダムの建設の費用負担をもって、住民の生存と健康に必要不可欠な水の供給に支障が出てはなりません。水道事業の採算性が乏しいとか、設備更新の経費が莫大になるなどの議論がしばしばみられますが、採算悪化の原因は、住民の生活に必要な水の供給ではなく、工業用水需要などを見込む過大な設備投資である場合もあり、冷静な検討が必要です。

3　PFI法・コンセッション（公共施設等運営権）と水道

⑴　PFI法とは

　水道の民間化のために活用が議論されるPFIとは、民間の資金やノ
ウハウにより公共施設の建設と調達を行うもので、庁舎等施設、道路
や鉄道・水道等の大規模な建設事業を企画から建設・運用まで民間に
委ねるものです。法の正式名称は「民間資金等の活用による公共施設
等の整備等の促進に関する法律」であり、Private Finance Initiative
から「PFI」と呼ばれます。

　PFI・コンセッションには、一般に次のような問題があります。①財
政難のもとでも施設建設を推進し後年の財政負担を招く。②公共施設・
事務事業に地方自治体の関与が弱くなり住民の立場も後退する。「仕様
発注から性能発注へ」と言われる。③地方自治体と大企業との癒着の
おそれがある。ひとたび契約に入ると特定の事業者に長期間にわたり
莫大な利益が約束される。④事故等の際の損失の負担の問題が生じる、
という点です。

⑵　問題となった事例

　PFIをめぐり、多くの問題事例が発生してきました。数例をあげる
と次のようなものです。[*3]

　①仙台松森PFI天井崩落事故（仙台市で地震の際に旧来の施設は無
事であったのに、最新のPFIによって建設されたプールで手抜き工事
により天井が崩落し多数の市民が負傷する事故が起きた）、②タラソ福
岡の撤退（ごみ焼却熱を用いたタラソテラピーの施設で民間事業者が
撤退し数か月間利用できない期間が生じた）、③北九州市・ひびきコン
テナターミナル経営破綻（コンテナターミナルの需要が見込みを割り

込み民間事業者が撤退し、結局北九州市が40億円で買い取った）、④名古屋港イタリア村の破たん（港湾の観光施設が経営破たんし多数の解雇者を出した）、⑤高知県・高知市病院契約解除（当初見込まれた経費削減が実現できず、贈収賄問題も生じ、結局PFI契約の解除となった）、⑥滋賀県・近江八幡市立総合医療センター契約解除（PFI契約解除）、⑦滋賀県・野洲市立小・幼の維持管理契約解除（維持管理のためのPFI契約を解除して、かえって年間約5億円の経費が削減されることになった）、などです。

(3) 増加の鈍化と拡大を促すための相次ぐ法改正

PFIをめぐりさまざまな問題事例が生じたことを受けて、PFI法は相次いで一部改正され、その増加がはかられてきました。[*4]

①2011年改正

対象施設として、航空機、人工衛星などが加えられました。たとえばそれまでは「公営住宅」が対象とされていましたが、新たに「賃貸住宅」が加えられ、営利を追及する高家賃の住宅も対象とされるようになりました。

この2011年改正で新たに創設されたのが、「コンセッション」方式です。これは「インフラの運営事業」「空港施設、水道施設、医療施設、社会福祉施設、中央卸売市場、工業用水道事業、熱供給施設、駐車場、都市公園、下水道、賃貸住宅、鉄道（軌道を含む）、港湾施設、道路、産業廃棄物処理施設」などについて、運営する権利のみをPFIの対象とするものであり、民間事業者が不動産を取得することに伴う登記・税務などの負担を回避することが可能となりました。

また、民間事業への公務員の派遣等の配慮が規定され、法的な強制ではないものの、地方自治体のみが技術を有する部門について、その技術を民間事業者に移転する道が開かれました。

②2013 年改正

　2013 年改正では、「PPP/PFI の抜本改革に向けたアクションプラン」（6 月 6 日 PFI 推進室）に基づき、「民間資金等活用事業推進機構」が創設されました。これは、PFI を推進・拡大するために、出資や貸付けの方式で、資金援助をするものです。公的資金の投入をしてでも PFI を拡大しようとするものです。法改正を受けて「株式会社民間資金等活用事業推進機構支援基準」（内閣府告示 2013 年 10 月 4 日付）が定められ、民間の資金、経営能力及び技術的能力の活用として、①コンセッション（運営権）の活用、②附帯収益事業（合築型、併設型）、③公的不動産の有効活用などの計画を立てれば、公的資金による支援が受けられることになりました。これは形を変えた新たな公共事業の拡大であるとして、「PFI 推進　安易な道に流れるな」などの批判もみられるようになりました。[5]

③2015 年改正

　2015 年改正では、コンセッション（公共施設等運営事業）の円滑かつ効率的な実施を図るため、専門的ノウハウ等を有する公務員を退職派遣させる制度などが整備され、地方自治体の技術経験を民間事業者に移転することがさらに容易になりました。

④2018 年改正

　2018 年改正は、自治体と民間事業者に PFI を促すために各分野の規制と支援に関する相談に内閣府として一元的に回答する窓口の設置、民間事業者が PFI・コンセッション事業者となる場合に地方自治法上の「公の施設の指定管理者」として必要な、施設利用料金の変更等について議会の議決を省略できる等の手続きの簡素化、自治体が民間事業者から受け取る運営権対価を利用して上下水道事業の財源の地方債を繰り上げ返済する場合の国への利息の免除の財政支援などが内容です。[6]

⑷　公共サービス「産業化」の柱としての PFI・コンセッション

　こうした法改正で、PFI・コンセッションは、公共サービスを「産業化」していくための主たる柱として扱われています。民間資金等活用事業推進会議は、公共施設の建築の際には PFI を優先的に検討することを求めています。[*7]

4　水道の民営化・広域化を進めようとする動き

　いま水道の民営化・広域化を進めようとする動きが強まっています。

⑴　水道事業における民間的経営手法の導入に関する調査研究報告書

　日本水道協会の調査では、第三者委託は 22 団体、PFI は 7 団体、指定管理者は 3 団体など、水道事業への民間的経営手法の導入は容易に進んでいません。[*8]

⑵　「公営企業の経営のあり方に関する研究会報告書」

　しかし総務省は、水道を民間委託した事例として、公の施設の指定管理者制度（岐阜県高山市、広島県㈱水みらい広島）、包括的民間委託（福井県坂井市、石川県かほく市、宮城県山元町）、PPP/PFI（北海道夕張市、愛知県岡崎市）などを、「公営企業の抜本的な改革等に係る先進・優良事例集」として積極的に紹介し、これにならって同様の取り組みを全国で進めるよう促しています。[*9]

⑶　経済界からの提言

　経済界は、水道への民間参入の拡大を求めて提言を繰り返しています。

①「国内上下水道市場の現状と民間事業者の戦略の方向性」

　「国内上下水道市場の現状と民間事業者の戦略の方向性」（三井住友銀行）は、公共事業が落ち込むなかで上下水道設備投資は下げ止まり更新需要の増加が見込まれており、地方の厳しい財政事情と技術職員の後継者難を考えれば、広域化民間化を進めるべきであるとしています[*10]。

②「法改正が促す『水道事業』の戦略的見直し」

　「法改正が促す『水道事業』の戦略的見直し」（みずほ総合研究所）は、中長期的にみて水道需要が減少する見込みであることから、水道事業の経営効率を高めるために、民間事業者の一層の活用が必要であるとしています[*11]。

③「水道事業のコンセッション方式 PFI をめぐる論点と考察」

　「水道事業のコンセッション方式 PFI をめぐる論点と考察」（大和総研）では、水道事業のコンセッションをめぐるいくつかの論点について考察し、立法措置を求めています[*12]。

⑷　経済界の提言と地方自治体の立場

　経済界からのこうした提言で求められている点は、2018 年水道法一部改正の内容に大きく影響しています。しかし、経済界の求める点がはたして地方自治体と住民の立場にとって当然に受け入れるべきものであるのかは、まったく別問題です。いくつかの問題点をあげると次のようになります。

①公共施設等運営権の対象と業務範囲の設定

　公共施設等運営権といっても、定まった内容が明確なわけではありません。その地方自治体ごとに、実情にあわせて民間事業者と協議して、契約書の作成に際して詰めていかなければならないものです。民間事業者のノウハウを発揮させるという視点から、広範な権限を与え、

たとえば導水・送配水の計画の立案実行なども含めれば、維持経費に見合う料金収入が得られないなどの理由で過疎地域の供給に支障をきたすおそれがあります。

②施設整備についての官民の分担

設備の更新や大規模修繕は地方自治体の負担とし、通常の修繕は民間事業者の負担とされることが多いと予想されます。しかし問題は、どの程度の修繕が民間事業者に対する契約上の委託料でまかなわれ、どの程度になると地方自治体の予算措置が必要になるかが不明であることです。どのような区分けをしたとしても、中間的なグレーゾーンが生じ、その取扱いをめぐって地方自治体と民間事業者との間の利益が厳しく対立することになります。

③「所有と経営の分離」等の課題

水道設備の所有を地方自治体に留保し、その活用と維持・修繕を経営判断として民間事業者に委ねることが想定されています。しかし、設備の所有者が地方自治体であれば、災害等により一定の規模の修繕が必要な事態を生じた際など、負担についての地方自治体と民間事業者との協議が整わないときは、事実上すべて施設の所有者である地方自治体の負担とならざるを得ないでしょう。

④民間流の調達・購買戦略や外注管理のコスト削減効果

複数年契約など、民間流の調達・購買戦略を導入すれば経費を削減できる旨の主張がしばしばなされます。しかし必ずしも現実的ではありません。水道事業の維持管理に必要な資材等は、故障の発生や災害等により偶発的に生じることが多く、計画的な複数年契約でできる修繕は限られています。大量に発注すれば在庫を生じ保管中の劣化の危険も生じます。民間流の調達・購買によって、さほど大きなメリットがあるとは考えられません。

5　2018年水道法改正を受けた規則改正と
　　ガイドライン

　2018年水道法改正を受けて、水道法施行規則が一部改正され、また、「水道施設運営権の設定に係る許可に関するガイドライン」（2019年9月30日、厚生労働省、医薬・生活衛生局水道課）が策定されました。

(1)　水道法施行規則

　水道法施行規則では、水道施設運営権の設定の許可の申請書類（規則17条の9）、水道施設運営等事業実施計画の内容（規則17条の10）、水道施設運営権の設定の許可基準の技術的細目（規則17条の11）などが定められています。

　事業実施計画では、次の事項を記載します。

①選定事業者が水道施設運営等事業を適正に遂行するに足りる専門的能力及び経理的基礎を有するものであることを証する書類

②水道施設運営等事業の対象となる水道施設の維持管理及び計画的な更新に要する費用の予定総額及びその算出根拠並びにその調達方法並びに借入金の償還方法

③水道施設運営等事業の対象となる水道施設の利用料金の算出根拠

④水道施設運営等事業の実施による水道の基盤の強化の効果

⑤契約終了時の措置

　運営権設定の許可基準（法24条の6）のうち「確実かつ合理的」な計画であることについての技術的細目は、次のようなものです。

①水道施設運営等事業の対象となる水道施設及び当該水道施設に係る業務の範囲が、技術上の観点から合理的に設定され、かつ、選

　定事業者を水道施設運営権者とみなした場合の当該選定事業者と
　水道事業者の責任分担が明確にされていること。

②水道施設運営権の存続期間が水道により供給される水の需要、水
　道施設の維持管理及び更新に関する長期的な見通しを踏まえたも
　のであり、かつ、経常収支が適切に設定できるよう当該期間が設
　定されたものであること。

③水道施設運営等事業の適正を期するために、水道事業者が選定事
　業者を水道施設運営権者とみなした場合の当該選定事業者の業務
　及び経理の状況を確認する適切な体制が確保され、かつ、当該確
　認すべき事項及び頻度が具体的に定められていること。

④災害その他非常の場合における水道事業者及び選定事業者による
　水道事業を継続するための措置が、水道事業の適正かつ確実な実
　施のために適切なものであること。

⑤水道施設運営等事業の継続が困難となった場合における水道事業
　者が行う措置が、水道事業の適正かつ確実な実施のために適切な
　ものであること。

⑥選定事業者の工事費の調達、借入金の償還、給水収益及び水道施
　設の運営に要する費用等に関する収支の見通しが、水道施設運営
　等事業の適正かつ確実な実施のために適切なものであること。

⑦水道施設運営等事業に関する契約終了時の措置が、水道事業の適
　正かつ確実な実施のために適切なものであること。

⑧選定事業者が水道施設運営等事業を適正に遂行するに足りる専門
　的能力及び経理的基礎を有するものであること。

　運営権設定の許可基準（法24条の6）のうち「水道の基盤の強化
が見込まれること」についての技術的細目は、水道施設運営等事業の
実施により、①水道事業における水道施設の維持管理及び計画的な更

新、②健全な経営の確保、③運営に必要な人材の確保が図られること、
です。

⑵　水道施設運営権の設定に係る許可に関するガイドライン

　「水道施設運営権の設定に係る許可に関するガイドライン」（2019 年
9 月 30 日　厚生労働省　医薬・生活衛生局水道課）は、次のような内
容です。

①ガイドラインの目的

　2018 年改正水道法で、地方自治体が水道事業者の立場を維持しつつ、
厚生労働大臣の許可を受けて、水道施設運営権を民間事業者に設定で
きる仕組みがつくられたことにともない、厚生労働大臣の許可に関す
る審査についての基本的な考え方を示すためのものです。

②事業許可に際しての留意事項

　事業許可に際しての留意事項として「水道施設運営等事業の計画が
確実かつ合理的であること」が必要だとされ、次の内容について留意
点が示されています。

　対象施設及び事業の内容

　水道施設運営権の存続期間

　水道事業者等によるモニタリング

　災害その他非常の場合における水道事業の継続のための措置

　水道施設運営等事業の継続が困難となった場合における措置

　水道施設運営権者の経常収支の概算

　契約終了時の措置

　水道施設運営権者の適格性

　水道施設運営等事業の対象となる水道施設の利用料金が、法に規定
する要件に適合すること

　水道施設運営等事業の実施により水道の基盤の強化が見込まれる

こと

③申請書の審査上の基本事項

　許可の申請の際の提出書類は次のものです（水道法24条の5・3項参照）。

　申請書

　水道施設運営等事業実施計画書

　水道施設運営等事業の対象となる水道施設の名称及び立地

　水道施設運営等事業の内容

　水道施設運営権の存続期間

　水道施設運営等事業の開始の予定年月日

　水道事業者が、選定事業者が実施することとなる事業の適正を期するために講ずる措置

　災害その他非常の場合における水道事業の継続のための措置

　水道施設運営等事業の継続が困難となった場合における措置

　選定事業者の経常収支の概算

　選定事業者が自らの収入として収受しようとする水道施設運営等事業の対象となる水道施設の利用料金

　選定事業者の定款又は規約

　水道施設運営等事業の対象となる水道施設の位置を明らかにする地図

⑶　水道コンセッション

　2018年水道法に基づく規則やガイドラインは、事業の適正、災害時の措置、事業者の経常収支、利用料金などについて、一定の規制をしようとするものにみえます。これは、2018年水道法改正の際の世論の大きな批判を意識して、これに対処しようとする姿勢を示そうとしたものと考えられます。

　しかし実際には、このような規制をしようとしても、公共部門が担当する場合とは大きく異なり、災害時の対応も、事業者の経常収支の監視も、利用料金の規制も、実現は困難です。

　第1に、事業の適正をはかるための規制は、必ずしも実効性があるとはいえません。民間事業者が収益を増加させようとすれば、適正な事業をいかに簡素化するか、経費を削減するかを不断に追求することになりますし、事業の隅々についてまで情報公開を得て公務部門が監視しようとすれば、公務部門の組織や人員はほとんど縮小できないことになるでしょう。

　第2に、災害時の対応を定めていても、民間事業者に雇用された実際の担い手は、災害時に出勤を強制することはできません。労働契約上も、自ら被災した労働者が災害時に勤務することは強制できないでしょう。これに対し公務部門は、担当部署の枠を超えて、勤務可能な職員によって緊急性のある職務から担当することができます。実際上、災害時の対応は、ほとんどすべてを公務部門が担うことになるでしょう。

　第3に、事業者の経常収支や利用料金についても、認可を受けるときに概算を示したり、認可を受ける時点の料金が明示されていたとしても、数十年間にわたるコンセッション契約の過程で、経費が増大した、不測の出費が必要になった、経済事情が変化した、などのさまざまな理由で、民間事業者の収益の確保増大のための料金上昇が避けられません。民間事業者の経営情報が全部は開示されないため、民間事業者が経費の増加等の理由による利用料金値上げを求めたとき、地方自治体が拒むのは困難でしょう。

6　水道料金の考え方

　最近、水道料金の値上げが必要であるとの議論がされることが増えてきました。

⑴　日本政策投資銀行の調査

　2017 年 4 月 7 日株式会社日本政策投資銀行「水道事業の将来予測と経営改革」と題した調査報告を発行しました。これは水道事業の将来予測分析と水道事業者へのインタビュー等から、次のように指摘し、長期の財務計算、経営改善、官民連携などを推奨しています。[13]

　①現状のまま水道事業では 2046 年度までに現在の 63.4% 増の水準にまで水道料金の値上げが必要である。

　②水道料金値上げをしたとしても 2035 年度末には有利子負債が現在の 1.9 倍以上の水準に増加する。

　③値上げ幅や有利子負債増加の水準は地域間格差がある。

⑵　経済誌

　経済雑誌でも、各水道事業体の水道料金を調べ、ランキングを作成し、水道料金への危機感をあおるものがあります。

　その多くは、人口が減少し水道料金収入が減った、地方自治体そのものも財政難なので水道料金収入でまかなえない分は補填できなくなる、老朽管の更新や耐震化に投資する財源がなくなる、水道料金を値上げするしかない、民営化を視野に入れなければならない、というものです。[14]

⑶　水道料金を多角的に検討する報道

　そのような中で、NHK 盛岡放送局の「水道料金　将来大幅に値上がり」（2020 年 2 月 14 日）は、水道料金を多角的に検討した冷静な報道をしています。[*15]

　岩手県の地方自治体で、水道事業を行う一部事務組合から地方自治体に請求する水道料金の大幅引き上げを契機として、地方自治体の財源捻出が問題となりました。水源は国の事業として作られた国内最大級のダムですが、水道料金の値上げは、ダムの巨額の建設費と水道の需要がアンバランスになっていることが原因であると指摘しています。需要予測が過大であったため、ダムの水は当初予測の 3 割程度しか使われておらず、送水管などの設備が過剰になっているというのです。一部の地方自治体は、3 つの自己水源だけで水をまかなうことができており、実際には使っていない胆沢ダムの水のために事務組合に支払うお金はまるで「掛け捨ての保険」のようだとしています。耐用年数を超えた送水管の設備更新も必要で、広域化による設備統廃合により経費節減をはかった事業体もあるが、水道事業規模もさまざまで、水道料金の統一も必要となり、容易ではないとしています。

⑷　水道料金格差の要因

　水道料金が全国でもっとも安いと報道される兵庫県赤穂市は、水道料金の格差の要因について、赤穂市情報局、2020 年 8 月 17 日付で次のように指摘しています。[*16]

　「水源の水量を確保できなければダムで確保しなければいけないためのその建設費の回収や維持費のために高くなり、水質が悪ければ薬剤が多量になり機械のメンテナンス費もかさみます。水道設備が少なく起伏のない地形で水道管が効率よく設置されていれば安くなります。もちろん水道利用人口が多いほど安くなりますが、これはひとつの要

因にすぎません」。

⑸　水道料金を生存権保障から考える

　いまあらためて、水道料金の問題は、生存権保障と公衆衛生についての国の責任の視点から、多角的に考える必要があります。

①水道料金と国の責任

　水が健康で文化的な生活に必要不可欠なものである以上、水道料金は生存権の保障と公衆衛生のために国の責任で社会的に弱い立場の人にも負担可能な水準とすべきです。水道料金が過大な負担となり、衛生的な水を豊富に使えない人が出たり、そのような地域ができたときには、公衆衛生に問題を生じ、たとえば感染症の拡大は、その人やその地域に限った問題ではなく、近隣の人や地域にも影響するからです。国はコンセッションの採否に関わらず、水道施設の更新に財政支援をすべきであり、地方公営企業の経済性発揮も公共の福祉と両立させるべきものです。

②設備更新の設計

　当面の設備更新の必要性や将来の設備更新に備えるために料金値上げが提案されることがありますが、設備更新のあり方については慎重な検討が必要です。多くの町や集落は、平野でも盆地でも、もともと天然の水が得やすい地域に発達したものです。しかし戦後の一時期に大型ダムが次々と建設され、地域の水源ではなく遠方の大型ダムからの導水をするようになった地域が少なくありません。地域の自然的条件を生かした最小限度の経費で実現できる水道のためには、こうした遠方の大型ダムに依存した水から脱却すべき場合もあります。供給量としても、工業用水の需要や人口が増加することを想定した計画から堅実な需要の予測に転換する必要があり、管路の縮小なども考慮した設備更新の設計をする必要があります。設備更新の内容を、多角的に

検討し、安易に水道料金の値上げに進まないことが必要です。

③人口減少と水道料金値上げ

　人口が減少し、水道事業の経費が変わらない以上、料金値上げが必要だとする主張にも、根本的な問題があります。人口減少の原因は、農林水産業や中小商工業への支援が不足しているという経済産業政策の問題、保育・医療・教育・労働条件・住宅など家族を形成する上での社会政策の問題があり、水道料金の値上げはその町での生活をさらに困難にするでしょう。当面は水道事業の設備更新のあり方を修正することとともに、より根本的には、こうした経済産業政策や社会政策による少子化の改善に取り組むべきであり、水道料金値上げの理由とすべきではありません。

7　公共施設等運営権実施契約書の実際

　実際の公共施設等運営権実施契約書で定められる条項について、公開されている静岡県浜松市の例でみていきます。*17

(1)　契約書全体の構成

　契約書全体は、本文だけで 102 条 43 頁、この他に添付別紙が 37 頁、合計 80 頁という膨大なもので、次のような構成になっています。

第 1 章　総則（目的・事業概要・契約の構成・資金調達・収入・届出・
　　　　責任）

第 2 章　義務事業の承継等及びその他準備

第 3 章　公共施設等運営権

第 4 章　本事業

第 5 章　その他の事業実施条件（第三者への委託・従事職員・保険・
　　　　要求水準）

第6章　計画及び報告

第7章　改築に係る企画、調整、実施に関する業務等

第8章　利用料金の設定及び収受等

第9章　リスク分担

第10章　適正な業務の確保

第11章　誓約事項

第12章　契約の期間及び期間満了に伴う措置

第13章　契約の解除又は終了及び解除又は終了に伴う措置

第14章　知的財産権

第15章　その他（協議会・公租公課・個人情報保護・情報公開・秘密
保持）

　添付別紙（定義集、義務事業の承継等の対象・方法、物品譲渡契約
書、市が維持する協定等、運営権対価の支払方法、公有財産賃貸借契
約、保険、改築実施基本協定、年度実施協定、利用料金収受代行業務
委託契約、本事業用地）

(2)　事業の質の担保は困難

　契約書によると、運営権者が目的を理解し「法令等を遵守し、本事
業を自ら遂行」するとし（1条、2条）、事業実施に全責任を負い（3
条1項）、目的を限定し（8条1項7号）、体制を確保し（13条）、市の
承諾を得ない限り兼業できない（98条）とされます。

　他方で任意事業を実施できる（22条）ので施設を利用した収益事業
等を行うことができるし、業務は委託禁止業務を除き「第三者に委託
し請け負わせることができ」（24条）、従事職員一覧表を備え置いて求
められれば市に提出し（25条1項）、要求水準の変更や新たな施設建設
が必要なら市が決定・通知しますが、市と運営権者で合意しなければ
施設建設や増築は市の負担となります（27条、28条）。法令変更によ

る増加費用や損害の負担は協議することになります（52条）。リスク分担は原則として運営権者とされますが、市に故意または重過失があるときは市に負担が生じ、重過失の有無をめぐる紛争も生じ得ることになります（48条）。運営権者が要求水準の変更に対応できる力量・体制を備える保障はないし、監督は運営権者による「セルフモニタリング」が原則であり（57条）、市および第三者によるモニタリングも「実施する」とされます（58条）が、長期的に水道事業が特定の運営権者に委ねられていれば、市や第三者にモニタリングできるだけの能力や体制は残存しないことになるおそれが大きいと言えます。

⑶　議会と住民によるコントロールは困難

　運営権設定は地方議会の議決事項ですが、運営権の処分や契約上の地位の譲渡は市の書面による事前の承諾が必要です（64条1項）。一見すると市のコントロールが及ぶようですが、運営権者の事業資金調達のための運営権への担保設定については、市は合理的な理由がなければ拒めません（64条3項）。担保設定を拒めなければ、強制執行の際には市の同意なく運営権が移転することになります。任意の譲渡処分に市の事前の承諾が必要であっても、担保権実行のための運営権者の移転について、市としてはこれを制止できません。

　市が運営権者による運営権の譲渡処分について承諾するかどうかを判断するためには、事業の詳細や運営権者の経営状態についての情報が開示されなければ適切な判断はできません。しかし情報公開の範囲は運営権者自身が作成する「取扱規定」によります（95条）。市と運営権者は互いに相手方当事者の事前の承諾がない限りこの契約に関する情報を他の者に開示しないという秘密保持義務が課されます（96条）。多くの事項が「企業秘密」として非開示にされるおそれが大きく、議会や住民による運営権者に対するコントロールは極めて困難です。

　運営権設定対象施設の存在自体への「近隣住民の反対運動や訴訟等」が起きたときの運営権者の損害は市が補償します（50条）。下水道施設についてのものであり、ただちに上水道施設についてこのような条項が入るかは疑問ですが、それにしても、住民の反対や訴訟等が想定され、民間事業者が責任を負わず市が全責任を負う旨が明記される契約というのは、違和感がぬぐえません。

⑷　料金の決定

　利用料金は、市の示した基準にしたがって運営権者が設定し、増減が必要な場合は協議します（46条）。しかし、事業や運営権者の経営状態についての情報の開示が十分に行われる保障がなく、また市の側に水道についての知識経験に習熟した専門的力量のある職員の体制が残らないおそれが大きいので、この協議は運営権者主導で行われ、運営権者の意向に沿った料金決定となるおそれが大きいでしょう。

⑸　地方自治体と市民にとってメリットは乏しい

　そもそも、運営権者は、安い運営権の対価で高い使用料収入を得られるほど利益が増大し、また、負担する責任やリスクが少ないほど、施設更新などの業務負担が少ないほど、利益が増大します。これに対し、行政と住民の立場はその逆で、運営権の十分な対価が得られ、住民の負担はできるだけ少なく、事故や災害のときにも運営権者に相応の負担をしてもらえて、施設更新などは原則として運営権者に負担してもらえることが、望ましいと言えます。

　行政の担当者は、20年以上もの長期間にわたり行政と運営権者との関係を規律する、膨大な条項を含む契約を適切に締結し、交渉する経験を持ち合わせていることは稀です。また実際上、災害の発生や気候の変動、材料経費や水道事業運営に関する技術革新の動向などは、予

測することがそもそも不可能です。このように経験も乏しい上に、予測する根拠も乏しい将来を想定し、負担やリスクについて定める契約は、地方自治体と市民にとってメリットはありません。また契約書の内容も、実際上は運営権者側の主導で条項が定められることが多くなるでしょう。

　仮に、住民や行政の側の利益を重視した業務分担・責任・リスクの定めをすれば、運営権者の側の経営負担となり、民間事業者が参入できないか、無理して参入しても経営破たんをすることになりかねません。

　結局、住民や行政の側にとって、コンセッション方式を選択して長期間にわたり運営権者と行政の間を規律する契約を締結することは、困難ばかり多く、メリットは乏しいと言わざるを得ません。[18]

8　水道と広域化・民営化の問題点

　水道が生存権保障と公衆衛生に直結する国の責任であることはすでに述べました。およそ公共サービスには、①専門性・科学性、②人権保障と法令遵守、③実質的平等性、④民主性、⑤安定性が必要であり、こうした視点に照らして、水道の広域化・民間化には次のような問題があります。[19]

⑴　安全な水の技術は公共部門に蓄積（専門性・科学性）

　治水は古くから政治の要諦でした。水は、人間の生存に必要不可欠であり、原始以来人間の生活は、水の得られる地域において展開されてきたし、人口の増加や産業の発展により水の需要に供給が追い付かなくなれば、用水路の掘削などで供給をはかることは古くから行われてきました。したがって水の供給それ自体は、採算性・収益性を問題

にしていては不可能であることは、自明の理でした。このため安全な水を供給する技術は、総じて公共部門に蓄積し、水の供給の専門性・科学性は公共部門が保有してきました。

　水道の民営化・産業化は、そもそも収益性が乏しい水道事業について、公共部門から民間への強引な技術の移転や人材の移転をはかろうとするものです。しかし、民間事業者が採算性・収益性を求めようとすれば、採算のとりにくい山間地域などは、料金を引き上げるか、そうでなければ事業そのものを廃止したり縮小したりすることが、経営合理性のある対応となるのです。清浄で豊富な水を低廉に供給するという水道事業にとって、民営化・産業化は、それ自体困難です。

⑵　法令上技術上の基準が必要不可欠（人権保障と法令遵守）

　およそ公共サービスの民営化・産業化を進める際には、民間に委ねれば、経費を節減しかつサービスの質が維持・向上できるなどと主張されます。しかしこれはそもそも不可能であり、水道については特にそうです。

　水道については、人の健康や生命と公衆衛生に直結することから、安全上技術上の基準も細部にわたり定められています。公共サービスの民営化を推進する議論がしばしば「規制緩和」を求めてきたこととの対比で言えば、水道は、生命・健康・安全に直結していて、緩和することの不可能な規制のかたまりです。

　したがって、水道について、民間事業者が担当することとなっても、経費の削減はきわめて困難ですし、経費を削減しようとすれば、労務費の削減か質の低下や供給対象の切り捨てが避けられないでしょう。

　すでに、水道検針業務の委託契約について、随意契約から競争入札に切り替えられた際には、人件費切り下げ競争を生じ、あまりの低価格で落札したため、人材を確保できなくなり、ついに落札企業が業務

開始から１か月ともたずに撤退し、自治体との委託契約を解除した例もあります。[*20]

⑶　公共の責任により料金高騰を防ぐ必要（実質的平等性）

　水は人の生存に直結するものとして、清浄な質のものが豊富に、かつ低廉な価格で供給されなければなりません。もし水道料金が高騰すれば、社会的経済的弱者は必要な水の供給を十分には受けられないという事態になりかねません。そうなれば、社会的経済的弱者は、清浄な水を利用することが困難になり、ひいては公衆衛生にも重大な悪化をもたらすおそれがあります。

　すでに世界では、民間事業者が水道事業の委託を受け、公共部門の知識経験技術体制が乏しくなり、利用料金が値上げされ、社会的経済的弱者が清浄な水を利用できなくなり、疫病が広がった例もあります。こうした事態を防止するためにも、水道事業の設備の整備と運営は、国と地方自治体の責任で行われる必要があります。公共部門の適切な負担を減らそうとして、料金の高騰をもたらすことは許されません。

⑷　広域化は地域の条件に応じた計画が困難に（民主性）

　人口減少を理由に、水道事業の広域化が進められています。しかし、水道は山間地・平地・渓流・扇状地・河口など、地域の条件に応じた計画の策定と実行が必要であり、広域化が人口減少への適切な対応であるとはとうてい言えないでしょう。

　たとえば浄水施設は、流域ごとに整備されているのが一般であり、これを整理統廃合しようとすれば、尾根を越える無理な導水・送配水などをせざるを得なくなります。そうなれば、無駄な電力が必要となる上、停電や災害の際には深刻な問題を引き起こすでしょう。

　また、工業用水等の名目で、広域的に巨大なダムを建設することが

行われてきて、これにより地域の水資源を無駄にすることもありました。地域の条件に応じた計画をきめ細かい単位で策定し、国が技術上財政上の支援をして、計画を実行していくことこそ、もっとも合理的・経済的なのであり、広域化はしばしばこれに逆行します。

⑸　民間事業者と自治体との長期契約のリスク（安定性）

　水道を民間化する際の民間事業者は、単年度や短期間の契約であれば、とうてい参入できません。逆に長期契約であれば、その間のさまざまな経済変動や地勢・気候上の変化、災害、民間事業者の側の経営常態の変化のリスクを、地方自治体や住民が負担することになりかねません。

　そもそも PFI・コンセッションにおいて、20 年後まで地方自治体と民間事業者を拘束する契約の条文策定や合意は不可能であり、経済や地勢・気候の変動により生じた変化の負担は、その多くが地方自治体の側に負担させられることになります。また、長期間の契約期間中に、公共部門は通常、水道事業についての技術者の体制が縮小もしくは消滅します。公共部門が知識・技術の継承を断たれれば、民間事業者に委ねなければ水道事業それ自体を営めない事態となります。そうなればその後の契約条件も、地方自治体としては民間事業者の言いなりにならざるを得なくなります。ひとたび公共部門の水道技術者がいなくなれば、地方自治体と民間事業者との間の契約価格が適正かどうかを判断することすら、地方自治体側にはできなくなるでしょう。

9　世界で進む水ビジネスと再公営化

⑴　世界の水ビジネス

　世界に目を向けると、水の供給について国や地方自治体が責任を持

つ制度ではなく、営利事業者が収益事業として展開する例もあり、水ビジネスは一定広がっています。フランスに本社を置く多国籍企業2社で、世界150か国の2億人に水を供給していると言われています。水がビジネスとして展開される国では、利用料金値上げや、清浄な水を得る資力のない人にとっては水質の悪化などが問題となる例もあります。

⑵　世界で広がる「再公営化」

　しかし、水ビジネスの広がりの中で、どのような問題が生じたかについても詳細な報告がなされるようになり、いったん民間のビジネスとなった水道事業が、再び公営化される例も広がっています。[21]

⑶　いまなぜ民営化・広域化か

　このように、世界的には、いったん広がったビジネスとしての水道民営化ですが、その弊害に注目が集まり、再び公営化される流れが広がっています。この時期になぜいま日本で民営化・広域化を進めるのか、慎重な上にも慎重な検討が望まれます。

10　いのちの水を守るために

　住民の生命と健康のために必要不可欠な水を守りぬくために、いくつかの点を指摘しておきます。

⑴　「地域の条件に応じた計画」の視点をつらぬく

　水道事業を、清浄で豊富で低廉な水の供給により公衆衛生の向上と生活環境の改善をはかるという本来の目的に沿って維持していくためには、自然の地形や水利をふまえた「地域の条件に応じた計画」の策

定・実行という視点が重要です。地域の条件をふまえない計画は、需要に見合わない設備や長距離の導水をもたらし、過大な経費を要し、結局維持が難しくなるからです。

　「地域の条件に応じた計画」という視点からは、広域化は好ましくないと言えます。経営効率や経費節減のために広域化すれば、広大な地域のさまざまな条件に応じた計画を策定実行すること自体困難になります。仮に事業体としては広域化しても、地域の条件に応じた計画の立案と実行を確保できるだけの人員体制をそれぞれの地域について維持しようとすれば、経営の効率化や経費の削減は難しいでしょう。

(2)　「産業化」ではなく公共部門の維持継承こそ

　水道を営利事業に提供し「産業化」することは、進めるべきではなく、公共部門の人員体制を維持・充実し、蓄積された知識・経験を継承・発展させていくことこそ必要です。

　人口減少が見込まれることをもって民営化・産業化が必要であるとの論は、根拠がありません。人口が減少するということは、同等の設備により供給される人口が減少するということであり、民間事業に委ねても収支の改善は見込めません。むしろ民間事業に委ねれば、採算性を理由に、事業の縮小廃止や質の低下・利用料金の上昇等がもたらされる危険があります。

　水道は公共部門として維持し、必要な人員体制を維持・充実した上で、蓄積された知識・経験の継承・発展をはかるための配置も積極的に行うべきです。

(3)　国の技術的財政的支援は「地域の条件に応じた計画」を支えるべき

　地方自治体の財政力により、独自に事業の存続が困難である場合は、

「地域の条件に応じた計画」を支えるに足りる技術的財政的支援を、国の責任で行うべきです。水が公衆衛生の向上と生活環境の改善に必要不可欠なものである以上、居住地域により採算性を理由に水の供給の質の下がる地域を残すことは本来あってはならず、憲法25条2項に基づき、すべての地域に清浄で豊富で低廉な水を供給できるよう、国の責任を果たすべきです。

　国の技術的財政的支援にあたり、水道事業を PFI・コンセッション方式で行うことを実質的な条件とし、PFI・コンセッション方式に誘導することは、許されません。PFI・コンセッション方式は、民間事業者の収益を確保する必要から料金の高騰やサービスの質の低下をもたらしやすく、事業の安定性・継続性や災害時の緊急対応においても公共部門に勝るものではありません。世界的にみても、先に民営化した少なくない地域で再公営化がはかられていることを、参考にすべきです。

注

1　日本水道協会「水道法逐条解説」（2003 年）他参照。

2　たとえば「行政改革大綱」（2000 年 12 月 1 日）も「地方公営企業の改革」として(i)公営企業のあり方についての不断の見直しの徹底、(ii)経営効率化・健全化の推進、(iii)住民への業務状況等の公表方法の改善、(iv)地方公営企業法適用の推進等を指摘し「地方公営企業の独立性の向上」のため「①管理者設置の推進、管理者の権限の充実・強化、②地方公営企業法の適用範囲の拡大」の措置を講ずべきだとするが、独立採算を求めてはいない。

3　PFI の仕組みと問題点については、『Q&A 自治体アウトソーシングの新段階』（自治体研究社、2007 年）、尾林芳匡『新自治体民営化と公共サービスの質』（自治体研究社、2008 年）、尾林芳匡・入谷貴夫『PFI 神話の崩壊』（自治体研究社、2009 年）等参照。

4　PFI 法の改正経過については、尾林芳匡「『PFI 神話』の崩壊と公共の課題」（『これでいいのか自治体アウトソーシング』（自治体研究社、2014 年所

収）等参照。

5　朝日新聞、2014 年 3 月 25 日付社説等参照。

6　公の施設の指定管理者として必要な手続きは、たとえば地方自治法 244 条の 2・9 項「指定管理者は、あらかじめ当該利用料金について当該普通地方公共団体の承認を受けなければならない。」等。地方債の繰り上げ償還の利息免除は財政法 8 条参照。

7　民間資金等活用事業推進会議「多様な PPP/PFI 手法導入を優先的に検討するための指針」（2015 年 12 月 15 日付）参照。

8　日本水道協会「水道事業における民間的経営手法の導入に関する調査研究報告書」2006 年 3 月（http://www.jwwa.or.jp/houkokusyo/houkokusyo_04.html）。

9　総務省「公営企業の経営のあり方に関する研究会報告書」2017 年 3 月（http://www.soumu.go.jp/menu_news/s-news/01zaisei06_02000163.html）。

10　「国内上下水道市場の現状と民間事業者の戦略の方向性」三井住友銀行、2017 年 5 月。

11　公田明「法改正が促す『水道事業』の戦略的見直し」みずほ総合研究所、2017 年 6 月 1 日。

12　鈴木文彦「水道事業のコンセッション方式 PFI をめぐる論点と考察」大和総研、2014 年 3 月 18 日。

13　日本政策投資銀行「水道事業の将来予測と経営改革」（https://www.dbj.jp/topics/region/industry/files/0000026827_file2.pdf）。

14　「『水道料金』ランキング 1263 事業体・完全版」『週刊ダイヤモンド』2019 年 1 月 12 日付等。

15　NHK「Web 特集　水道料金将来大幅値上がり」（https://www3.nhk.or.jp/news/html/20200214/k10012284281000.html）。

16　赤穂市情報局、2020 年 8 月 17 日「水道料金日本一安い赤穂市と日本一高い夕張市の差は 8 倍⁉赤穂市の水道料金がなぜ安い？」（https://akocity.jp/suidou-ryoukin/）。

17　「浜松市公共下水道終末処理場（西遠処理区）運営事業公共施設等運営権実施契約書」（https://www.city.hamamatsu.shizuoka.jp/suidow-s/gesui/seien/documents）。

18　巨大な職員機構を有する東京都でさえ、都立病院について民間事業者と締

結した PFI 契約書が、再委託、技術経費変動の際の負担などの点で民間事業
者に有利なものとなっていることについて、前掲注 3『PFI 神話の崩壊』参
照。

19　「公共サービス 5 つの視点」については、前掲注 3『新自治体民営化と公共
サービスの質』参照。

20　東京都水道局「定期検針等の徴収業務における委託契約の解除について」
2008 年 4 月 17 日。

21　世界の水ビジネスと水道再公営化については、「世界の "水道民営化" の
実態――新たな公共水道をめざして」（トランスナショナル研究所、2007 年）、
モード・バーロウ『ウォーター・ビジネス――世界の水資源・水道民営化・
水処理技術、ボトルウォーターをめぐる壮絶なる戦い』（佐久間智子訳、作
品社、2008 年）、布施恵輔「公共サービスをとりもどすという世界の流れ」
（『kokko』26 号、2017 年 11 月）等参照。

　　また、トランスナショナル研究所（TNI）「公共サービスを取り戻す　民営
化に自治体、市民がいかに立ち向かったか」（2017 年）、トランスナショナル
研究所（TNI）・太平洋アジア資料センター（PARC）「公共の力と未来―世
界の脱民営化から学ぶ新しい公共サービス―」（2020 年）は、公共サービス
再公営化の事例を集めて紹介している。

おわりに

　水道の民営化・広域化はかねて経済界などから強く求められてきましたが、さほど広がってきたとはいえません。それは、いのちに直結する水の重要性やその供給のための設備・技術の性質のゆえでしょう。本書は、制度改正がなされ、水道の民営化・広域化が強力に推進されようとする動きを受けて、企画されました。

　民営化・広域化の問題点を考えるためには、先行する事例の報告を寄せてもらうことが必要です。さいわい、水道の現場で働くみなさんや、各地で水道をめぐる住民運動に取り組むみなさん、地方議員のみなさんから、多数の経験を寄せていただきました。報告を寄せていただいたみなさんに感謝申し上げます。

　地方自治体による水道事業の継続を願いながら、財政面で真剣に悩む地方自治体関係者も数多くいらっしゃるでしょう。本書では、財政面も一定の検討をしました。本来は、地域の条件に応じた水道事業の計画について、国は技術的財政的支援をすべきなのであり、民営化・広域化を前提としない、各地の水道事業への国の財政支援の拡大強化が必要でしょう。

　2018年水道法改正やPFI法改正など、新しい法制度についての一定の検討も必要となりました。新しい法制度について批判的に検討するとき、どこが変更されて新しくなったのかということに目をうばわれすぎることもあります。本書では、水道についての本来の基本的な考え方や、法改正を経ても変わらずに残る、守るべきものを、忘れないで議論するように心がけました。

　地方自治体の現場で実際にPFI・コンセッション契約を検討すると

きのために、下水道についての先行する契約条項の逐条的な検討も試みました。膨大で詳細な契約条項はそれ自体、水道のPFI・コンセッションの難しさをあらわしているといえるでしょう。

2018年7月発行の初版と2019年1月の改訂版は、短期間に多くの方に手にとっていただきました。第3版では、2018年法改正について多くの批判や懸念の声があがり、テレビ番組の特集報道もあったこことなどを受けて、水道コンセッションを採用しない旨を表明する首長も出てきているなかで、可能な限り、新しい動きを盛り込むことに心がけました。

本書が、急激に進められようとする水道の民営化・広域化について、立ち止まって慎重に検討するためのひとつの素材となれば、これほどの喜びはありません。

最後になりましたが、根気よく出版を支援していただいた自治体問題研究所・自治体研究社のみなさんに、お礼を申し上げます。

2020年10月10日

尾林芳匡

編著者

尾林芳匡（おばやし・よしまさ）弁護士

渡辺卓也（わたなべ・たくや）元自治労連公営企業評議会副議長

執筆者

中谷真裕美（なかたに・まゆみ）香川県丸亀市議会議員

内藤隆司（ないとう・たかじ）前宮城県議会議員

落合勝二（おちあい・かつじ）浜松市議会議員

長谷博司（はせ・ひろし）舞鶴市職員労働組合執行委員長

衣川浩司（きぬがわ・ひろし）京都府福知山市上下水道部水道課

井上昌弘（いのうえ・まさひろ）奈良県奈良市議会議員

水村健治（みずむら・けんじ）小鹿野町水道問題を考える会会長

植本眞司（うえもと・しんじ）自治労連公営企業評議会議長

杉浦智子（すぎうら・ともこ）滋賀県大津市議会議員

中島正博（なかじま・まさひろ）和歌山大学経済学部准教授（初版執筆時）
　（現在、和歌山県西牟婁郡上富田町総務政策課企画員）

水道の民営化・広域化を考える　[第3版]

2018 年　7 月 20 日　　初版第 1 刷発行
2019 年　2 月　5 日　　改訂版第 1 刷発行
2020 年 11 月 25 日　　第 3 版第 1 刷発行

　　　　　編著者　尾林芳匡・渡辺卓也

　　　　　発行者　長平　　弘

　　　　　発行所　㈱自治体研究社
　　　　　　　　　〒162-8512 東京都新宿区矢来町 123　矢来ビル 4 F
　　　　　　　　　TEL：03・3235・5941／FAX：03・3235・5933
　　　　　　　　　http://www.jichiken.jp/
　　　　　　　　　E-Mail：info@jichiken.jp

ISBN978-4-88037-716-2 C0036　　　　　　　　　印刷・製本／中央精版印刷株式会社
　　　　　　　　　　　　　　　　　　　　　　　　　DTP／赤塚　修

自治体研究社 ────────────

自治体民営化のゆくえ
──公共サービスの変質と再生

尾林芳匡著　　定価（本体 1300 円＋税）

自治体民営化はどこに向かっていくのか。役所の窓口業務、図書館をはじめ公共施設の実態、そして医療、水道、保育の現状をつぶさに検証。

公共サービスの産業化と地方自治
──「Society 5.0」戦略下の自治体・地域経済

岡田知弘著　　定価（本体 1300 円＋税）

公共サービスから住民の個人情報まで、公共領域で市場化が強行されている。変質する自治体政策や地域経済に自治サイドから対抗軸を示す。

「自治体戦略 2040 構想」と自治体

白藤博行・岡田知弘・平岡和久著　　定価（本体 1000 円＋税）

「自治体戦略 2040 構想」研究会の報告書を読み解き、基礎自治体の枠組みを壊し、地方自治を骨抜きにするさまざまな問題点を明らかにする。

地方自治のしくみと法

岡田正則・榊原秀訓・大田直史・豊島明子著　　定価（本体 2200 円＋税）

自治体は市民の暮らしと権利をどのように守るのか。憲法・地方自治法の規定に即して自治体の仕組みと仕事を明らかにする。［現代自治選書］

日本の地方自治　その歴史と未来　［増補版］

宮本憲一著　　定価（本体 2700 円＋税）

明治期から現代までの地方自治史を跡づける。政府と地方自治運動の対抗関係の中で生まれる政策形成の歴史を総合的に描く。［現代自治選書］